千年歷史沉澱之，一道又一道暖心料理

京都阿嬤的100道手路菜

京都のおばあちゃんたちに聞いた
100年後にも残したいふるさとレシピ100

大和書房編輯部──編著
林佑純──譯

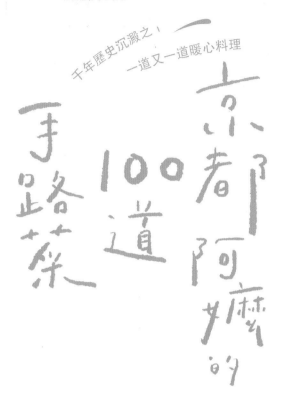

前言

京都府除了擁有「千年之都」美稱的日本文化發源地——京都市，也包含自然資源豐沛的山間集落，以及面向日本海的商埠，當地生產的食材多不勝數，各地也承襲了不同的飲食文化，例如祭典時常見的傳統佳餚、吃得到當季新鮮食材的地方美食、逢年過節必備的家常菜……這些都是由地方阿嬤們親手傳承下來的拿手好菜。有的阿嬤努力守護著傳統的古早味，有的阿嬤會自己調配不同的做法，也有阿嬤運用巧思簡化烹煮方式，讓料理更為平易近人。而共通點在於，阿嬤都想讓大家享受到地方美味，並期望料理能繼續傳承下去。無論你是京都人或外來客，要不要在家裡做做看來自京都阿嬤的家鄉菜呢？本書可能會出現一些只有京都才有的食材，但只要利用類似食材來取代即可。京都阿嬤們一定會為你的嘗試感到開心的。

柚香蘿蔔（左上）｜手工蒟蒻（右上）｜鳥蛤壽司（左下）｜水芹菜（右下）

大香葉麻糬

舞鶴御膳

蓮藕饅頭

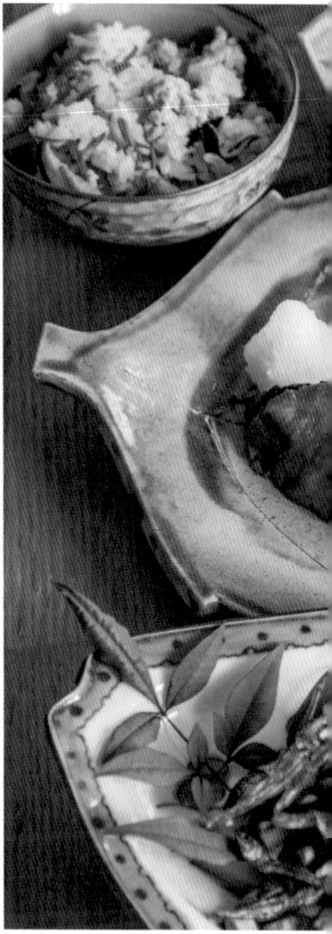

陪伴你度過日常生活和特殊日子，
那些充滿魅力的京都家鄉菜。

蓮藕散壽司

清炒茄子

I章 京都市
—右京區／北區—

右京區

北區

2章 山城

—宇治市／京田邊市・綴喜郡—

宇治市

京田邊市・綴喜郡

3章 南丹

——亀岡市——

4章 中丹

——福知山市／綾部市／舞鶴市——

5章 丹後

—京丹後市—

本書的計量標準

- 1杯200cc、1大匙15cc、1小匙5cc。
- 依地區不同，單一食材的大小、分量可能會有所差異（如：京都產的炸豆皮，長度約25～30公分，大小幾乎是一般市售炸豆皮的兩倍大）。本書會先以京都產的食材為標準，並盡量在食譜中標明大小、分量和建議用量。
- 為了讀者方便料理，會以○／○個等單位來標明食材用量，不過如果出現比較難以拿捏的分量，或是攸關料理風味時，會清楚標明食材的克數。
- 有時因使用廚具或調味料的不同、加熱程度不一，味道會產生些許差異，請在料理過程中適時調整火候。

I 章 京都市

—右京區／北區—

京都市中心的道路，宛如棋盤格般朝東西、南北方向延伸，往西是右京區，在繁華熱鬧的商業區後，是寧靜宜居的住宅區。再往西會一路延續至桂川，這裡有觀光客絡繹不絕的嵐山，以及知名景點渡月橋。

正如自古以來栽培於京都各地，極富盛名的各種「京野菜」，阿嬤們總會從中挑選當季食材，料理成美味佳餚。「燉煮類」料理就是最具代表性的例子，「燉煮〇〇」堪稱京都人餐桌上不可或缺的菜色之一。

鯖魚壽司

鯖ずし

每逢節慶到來時，如京都三大祭典（葵祭、祇園祭、時代祭）或地方祭典上，京都人都有享用鯖魚壽司的習俗。從前，各家阿嬤會在特殊日子製作大量的鯖魚壽司、分送給鄰近的親戚或鄰居，是常見的人文風景。

材料（兩條份）

- 醋飯……2碗
- 生鯖魚（分切成三片）……1尾
- 醋……約100cc
- 鹽……適量
- 竹葉……（先泡水軟化葉面，擦乾表面水分後使用）……2片
- 綁繩……2條

做法

1. 將生鯖魚切片的兩面撒滿食鹽，放進冰箱靜置5～6小時。
2. 簡單沖洗掉①的食鹽，擦乾表面水分。除去魚肉中的細刺，剝去表面薄皮，排放在調理盤中，倒入醋。放進冰箱靜置，記得偶爾翻面，醃漬1小時以上。
3. 將醋飯填裝進木盒，覆蓋上拭去水分的②，輕壓塑型。
4. 將③包進竹葉中，以綁繩固定，放置在陰涼處半天以上，使其充分入味。最後切成容易入口的大小，即可盛裝上桌。

・假如沒有箱押壽司的木盒，可改用保鮮膜包住醋飯和鯖魚來進行塑型。

柚香蘿蔔

ゆず大根

這是京都人在拿到水分飽滿又厚重的白蘿蔔時，會下手調理的家常菜。清爽的柚香，與千枚漬或白蘿蔔漬物（口感偏爽脆）一樣，十分適合當作小茶點享用。請放在陰涼處或冷藏，盡量在二、三天內食用完畢。

材料（容易製作的份量）

- 白蘿蔔（選擇較粗壯的）……約40公分一根

Ⓐ

- 細切用柚子皮……約10片
- 醋……100cc
- 砂糖……150〜160g
- 細切昆布（刻み昆布）……1小撮
- 昆布茶……1大匙
- 辣椒（取出辣椒籽細切）……約1根
- 鹽……3大匙

做法

1. 白蘿蔔橫切成8公分厚，縱切成6～8等分。
2. 將Ⓐ倒入較深的容器中拌勻，製作成甜醋。
3. 將1.倒入2.，壓上重物，每隔2小時攪拌均勻（約3～4次左右）。
4. 之後放入冰箱靜置一夜即可。但即使是淺漬階段，吃起來也如沙拉般爽脆美味。

・美味關鍵在於盡量將蘿蔔切大塊一點，切小塊很容易軟化，影響成品的口感。

珠蔥拌醋味噌

わけぎのてっぱい

珠蔥的外型與青蔥十分相似，蔥白部分略帶黏性和甜味，比青蔥的嗆辣口感溫和許多，是相當適合搭配醋味噌的食材。平常可以加入一些烤豆皮，或拌入汆燙過的魷魚或鳥蛤，就成了一道現成小菜。

材料（1～2人份）

- 炸豆皮（約25公分長）……1／6片（一般市售炸豆皮約1／3片）
- 珠蔥……1根

Ⓐ

- 白味噌……30g
- 砂糖……5小匙
- 醋……20cc
- 日式黃芥末醬（からし）……少量

做法

1. 汆燙珠蔥，橫切成容易食用的長度。
2. 稍微煎過豆皮，切成細條狀。
3. 混合Ⓐ做成醋味噌，倒入1.和2.拌勻，盛盤。

- 在拌勻食材之前，可以先試一下醋味噌的味道，假如明顯感覺到「甜」，那就準沒錯了。要是白味噌的鹹味不太夠，建議可以加些淡醬油來平衡鹹度。

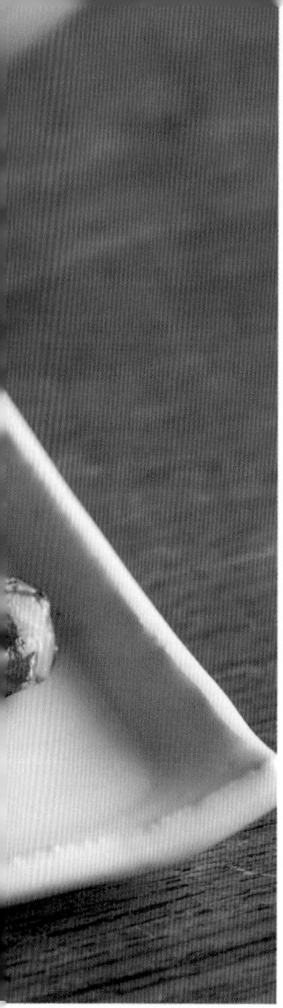

鰆魚西京味噌漬

鰆の西京味噌漬け

京都市距海遙遠，據說西京味噌漬正是因為人們渴望享受美味魚肉，而誕生的智慧結晶。從前在新年期間，由於店家都關門休息，人們很難買到鮮魚，故當地人經常以木盒裝的西京味噌漬作為歲暮禮。

材料（2人份）

- 鰆魚……2片

Ⓐ

- 白味噌……200g
- 酒粕（挑選或調製成水分較多且質地偏軟的）……200g

做法

1. 仔細拌勻Ⓐ，製作成味噌醬。
2. 將鰆魚切片的兩面都塗上1.，放進夾鏈袋等容器中封存，放置在陰涼處（夏天要放進冰箱）一整天。
3. 輕輕沖洗掉1.，用廚房紙巾拭去水分後，放進烤盤或鋪上烘焙紙的平底鍋，慢慢將鰆魚煎熟就完成了。

・由於魚肉很容易烤焦，若是使用烤盤，建議可以先蓋上鋁箔紙再烤，以免表面已經稍微烤到變色，裡面卻還不夠熟。

燉煮飛龍頭

ひろうすの煮物

飛龍頭是將豆腐瀝水之後搗碎，裹入蔬菜等食材後油炸的料理。這次加入的食材是木耳和銀杏，不同的豆腐店會有不同的配方，口味變化多端，這也是京都美食的有趣之處。除了可以直接網烤，也能用燉煮方式來讓高湯徹底入味，使口感更棒。

材料（1～2人份）

- 飛龍頭……3個
- 豌豆（去掉蒂頭和筋絲）……3支

Ⓐ

- 高湯……100cc
- 砂糖……1小匙
- 淡醬油……2小匙

做法

1. 在小鍋中放入Ⓐ，以中火加熱。
2. 沸騰後放進飛龍頭，燉煮5分鐘左右。
3. 在關火前加入豌豆。
4. 放置一段時間，使食材入味，之後即可盛盤。

・將買來的油炸飛龍頭放在篩子上，淋上熱水去除油脂，再進行燉煮，能使味道顯得更清爽、高雅。

白味噌のお雑煮

京都的年糕湯以白味噌為特色。白味噌味道濃郁，因鹽分較少而顯得柔和且略帶甜味。高湯中加入大量溶解的白味噌，可使湯頭呈現濃稠的質感。京都年糕湯的特點在於不是放烤過的圓形年糕，而是直接將年糕放進湯中一起煮熟，連帶提升湯頭的濃稠度。新年期間，年糕湯還會加入吉祥食材，例如小芋頭、祝蘿蔔（主產於奈良一帶，長約20～30公分、直徑3公分的細長型蘿蔔）、金時紅蘿蔔等。

材料（4人份）

- 圓形年糕……4個
- 昆布……約10公分
- 白味噌（依製造廠商不同，鹹度也有所差異，請依個人喜好微調）……100～200g
- 正鰹柴魚片……適量
- 水……600cc

做法

1. 在鍋中放入昆布和水，用中火加熱至沸騰前取出昆布。
2. 加入白味噌，假如甜味不太夠，可以適量放些味醂來調整味道。
3. 轉小火，加入圓形年糕，煮至變軟。
4. 盛入碗中，撒上滿滿的柴魚片即完成。

- 如果圓形年糕剛做好，口感柔軟，可以直接使用。假如年糕比較硬，可以稍微煮一下或用微波爐加熱，待變軟再使用。

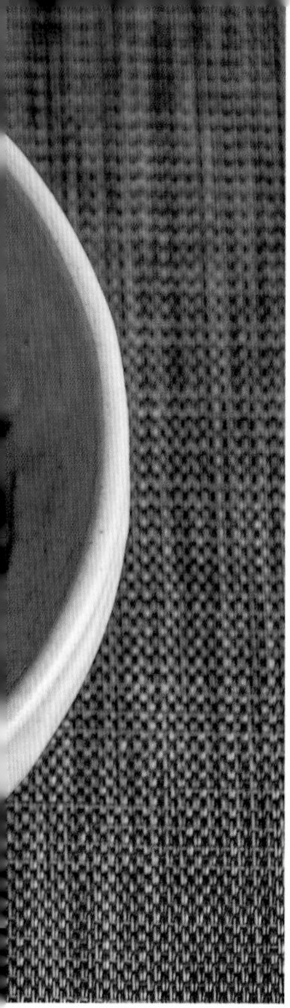

若竹煮

若竹煮

京都市是日本知名的竹筍產地，包括大枝等地區，非常容易取得早上剛採收的竹筍。每年春天，有些京都會人習慣將竹筍用大鍋燙過後長期保存。用海帶簡單搭配燉煮好的若竹煮，可以品嘗到竹筍的甘甜與獨特口感。

材料（3人份）

- 嫩竹筍（水煮）……1根（300g）
- 乾燥海帶……約3g
- 山椒葉……適量
- 高湯……適量
- 淡醬油……3小匙

做法

1. 切去竹筍根部較硬的部分，其餘縱向切成薄片。
2. 乾燥海帶先泡水備用。
3. 將1.放入鍋中，倒進足以淹過食材的高湯，加入淡醬油。
4. 以中火加熱，沸騰後蓋上鍋蓋，轉小火燉煮。
5. 高湯減少約1／3時，關火取出竹筍。
6. 用剩下的高湯快速煮一下2.，與竹筍一起盛入碗中，放上山椒葉即完成。

・這個食譜保留了海帶爽脆的口感。如果把海帶和竹筍一起煮並放置一晚，海帶就會變成較濃稠順滑的口感，可以根據個人口味選擇。

涼拌胡麻油菜花

菜の花のごま和え

用當季「菜葉」製作的涼拌菜，是風行京都餐桌的家常菜。口感微苦的油菜花，是來自早春的滋味。除了涼拌胡麻醬，也很建議改用味噌或日式黃芥茉來取代。京都的傳統蔬菜——畑菜，常被用來做成涼拌料理，但通常會佐以煎過且細切的炸豆皮一起吃。

材料（2人份）

- 油菜花……1／2束（100g）
- 鹽……少量
- 日式黃芥末……適量

Ⓐ
- 碎芝麻……5小匙
- 砂糖……2小匙
- 淡醬油……4小匙

做法

1. 將油菜花分成花苞和較嫩的莖葉，莖切成約5公分長。
2. 鍋中加入水和鹽，煮沸後先加入莖葉煮30秒，再放入花苞煮30秒。之後一同倒入冷水中稍微浸泡，擰乾水分。
3. 在碗中倒入Ⓐ，均勻拌成醬汁之後，倒入2.拌勻。
4. 盛盤，用黃芥末稍稍點綴即可上桌。

・注意別把油菜花煮過頭了。拌勻之後，根據個人喜好，可以適量添加淡醬油來調整口味。

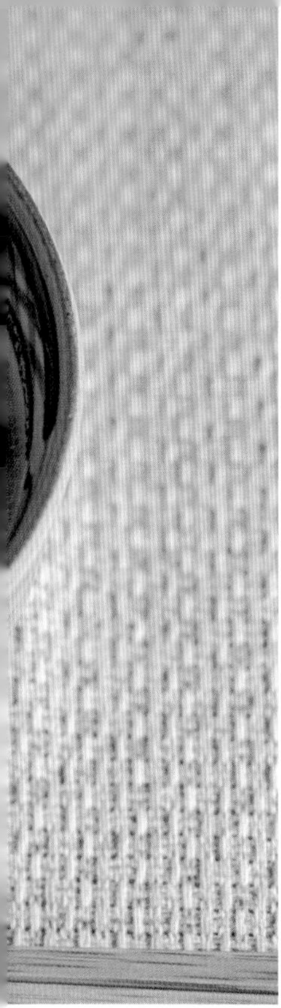

酒粕湯

粕汁

京都亦為知名酒鄉。據說以前經常能從住家附近的賣酒商家拿到新鮮的酒粕，故酒粕是京都人人熟悉的食材。很多家庭常把酒粕烘烤過後撒上糖，或者釀製成甜酒。加入大量酒粕的酒糟湯，更是一道能夠在寒冷季節溫暖身心的佳餚。

材料（2人份）

- 炸豆皮（約25公分長）……1／4片
（一般市售炸豆皮約1／2片）
- 白蘿蔔……2公分
- 紅蘿蔔……1／2根
- 蒟蒻……1／10片
- 芹菜……適量
- 酒粕……50g
- 高湯……400cc
- 淡醬油……1～2小匙

做法

1. 將白蘿蔔、紅蘿蔔、炸豆皮和蒟蒻切成差不多大小的長條片狀。
2. 將高湯、酒粕和1.倒入鍋中，以中火加熱。
3. 煮到酒粕溶解、蔬菜變軟時，加入淡醬油調味。
4. 盛入碗中，撒上切碎的芹菜就完成了。

・可依個人口味添加豬肉、鮭魚、小芋頭等食材。芹菜略帶香氣，也能增添擺盤的裝飾。

風呂吹蘿蔔

ふろふき大根

京都各地寺廟會在十一月底到十二月間，為信眾準備祈求健康的「蘿蔔燉菜」，這是最能感受到冬季到來的特色料理。一般家庭也常烹煮冬季蘿蔔，而讓人忍不住頻頻吹涼喊燙的「風呂吹蘿蔔」，多以魚料理的配菜之姿，出現在冬季餐桌上。

材料（2人份）

- 白蘿蔔（橫切成約5公分厚度）……4片
- 山椒葉……適量
- 高湯……適量

Ⓐ

- 紅味噌……2大匙
- 砂糖……1大匙
- 味醂……2／3大匙

Ⓑ

- 白味噌……2大匙
- 砂糖、味醂……各2／3大匙

做法

1. 先製作兩種田樂味噌醬。將Ⓐ放入耐熱容器中攪拌均勻，輕覆保鮮膜，用微波爐（600W）加熱1分鐘。Ⓑ也重複同樣的步驟。
2. 將白蘿蔔的邊緣切成圓角狀。
3. 將2.與足以淹過白蘿蔔的高湯倒入鍋中，開小火燉煮。
4. 當白蘿蔔變得柔軟、可以輕易插入竹籤時，取出並盛盤。
5. 把1.塗在白蘿蔔上，加上山椒葉裝飾即完成。

・為求方便，也可以使用市售的田樂味噌。假如想自己製作，用水飴替代砂糖，可使味噌醬更顯亮澤。假如做得太稠，也可直接加入一些高湯來調整。

生節燉菜

生節の炊いたん

生節是一種將鰹魚蒸過或煮熟後，燻製而成的加工食品。在物流不如現今發達、很難取得生鮮海產的時代，生節是京都人心中的珍寶。過去是家常菜的食材，最近則搖身成為高級品。除了可做成燉菜，直接蘸薑汁醬油食用也十分美味。

材料（3人份）

- 生節……3片
- 烤豆腐……一塊
- 蜂斗菜（水煮）……約2～3根

Ⓐ
- 酒……100cc
- 淡醬油……100cc
- 砂糖……3～5大匙

做法

1. 將烤豆腐切成一口大小，蜂斗菜切成約5公分長。
2. 把Ⓐ倒入鍋中煮沸，加入生節。蓋上落蓋，用中火煮約5分鐘。
3. 取出生節，加入1.，如果湯太濃，可以加入少許的水，用小火煮約5分鐘至食材熟透。
4. 把2.和3.盛入碗中即完成。

・煮過生節的鮮美湯汁，搭配烤豆腐和蜂斗菜，就能盡情享受其美味。

滑蛋百合根

ゆり根の卵とじ

微帶甜味、口感鬆軟的百合根，是一種常用於御節料理（年菜）或茶碗蒸的蔬菜。如果料理完成後有剩的話，不妨隨手做成美味的滑蛋百合根吧。由於保存期限不長，某方面來說這也是一道「收拾善後」的料理。只要將剩下的百合根切碎，加入魚板等其他剩餘食材即可完成。

材料（2～3人份）

- 百合根……1顆
- 蛋液……2顆
- 高湯……適量

Ⓐ
- 砂糖……4小匙
- 淡醬油……2小匙

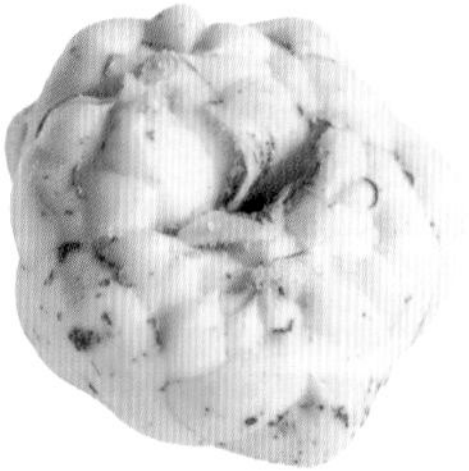

做法

1. 把百合根從外層一片片剝開洗淨，稍微汆燙一下。
2. 在鍋中放入1.和Ⓐ，倒入足以淹過食材的高湯。
3. 開中火加熱，湯滾後加入打散的蛋液，然後關火。盛入容器中，撒上柚子皮（適量，也可以用山椒代替）裝飾即完成。

・將高湯收至較少，調味偏甜更美味。不過由於百合根容易煮爛，要快速進行烹調。

位於右京區北部的京北地區，山林面積達90％以上。林業是當地的主要產業，以出產「北山杉」與「北山圓木」而聞名。那裡有許多人從事林業相關工作，故當地料理也常使用山林食材，家鄉味與其他區域截然不同。

大香葉茶蘇打水

クロモジ茶のソーダ水

大香葉樹是在京北地區隨處可見的落葉喬木，屬於樟科。其樹枝帶有清新香氣，可製作食用和菓子的叉具。這是一款將大香葉茶葉煮沸後冷卻、調製成清爽口感的飲品。氣泡使口感更加清新，是當地人常在炎炎夏日大口暢飲的飲料。

材料（容易製作的分量）

- 大香葉茶葉……60g
- 甜蘇打水……適量
- 冰塊……適量
- 水……1600cc

做法

1. 將茶葉和水放入壺中煮沸，待冷卻。
2. 等1.冷卻後，倒入裝有冰塊的杯子裡，每杯約80cc。
3. 分2~3次在2.中倒入甜蘇打水，根據個人口味調整甜度，最後均勻攪拌即可。

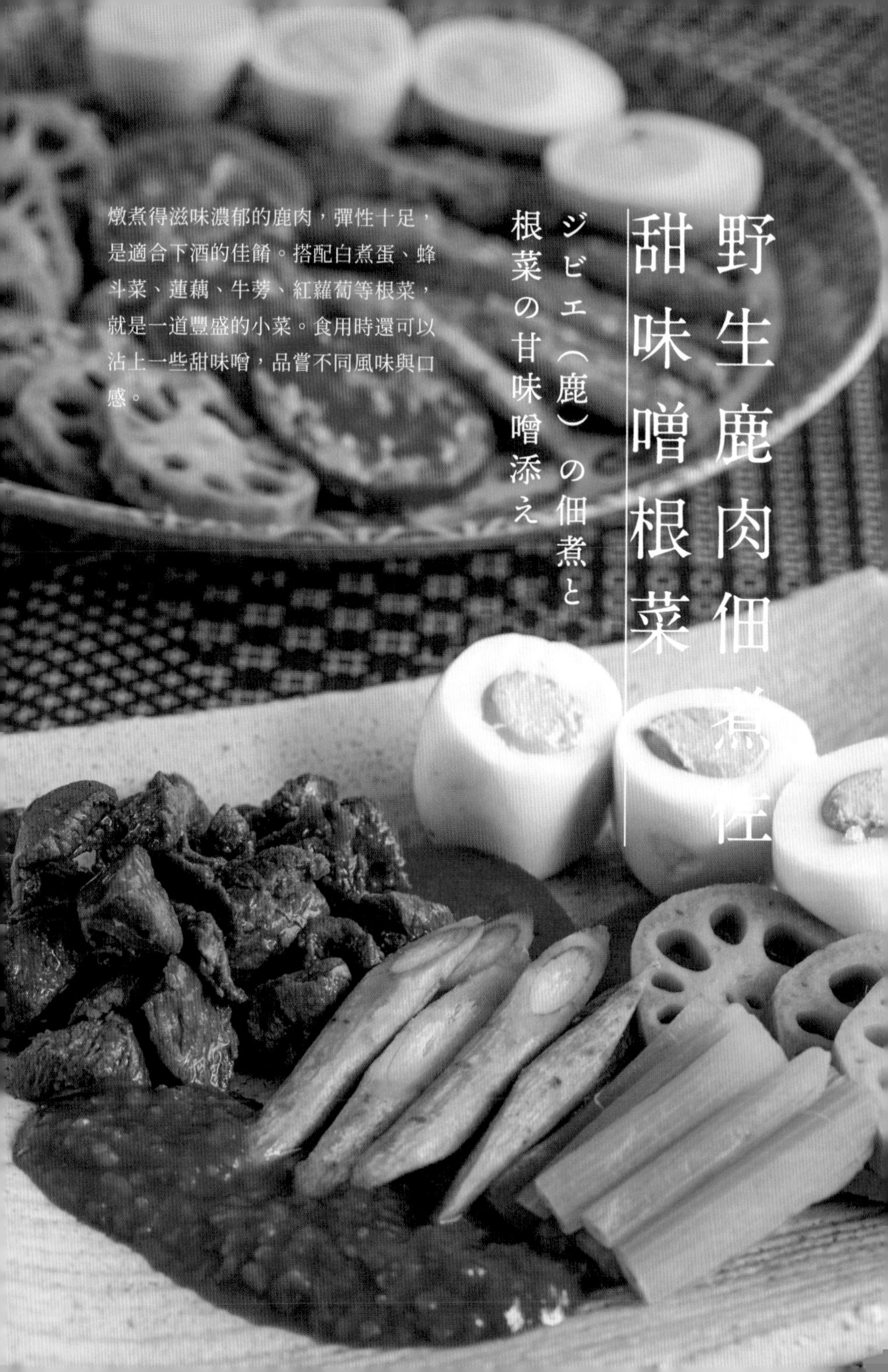

野生鹿肉佃煮佐甜味噌根菜

ジビエ（鹿）の佃煮と根菜の甘味噌添え

燉煮得滋味濃郁的鹿肉，彈性十足，是適合下酒的佳餚。搭配白煮蛋、蜂斗菜、蓮藕、牛蒡、紅蘿蔔等根菜，就是一道豐盛的小菜。食用時還可以沾上一些甜味噌，品嘗不同風味與口感。

材料（4人份）

〔野生鹿肉佃煮〕
・鹿肉……600g
・薑……約3小塊（30g）
・酒……3大匙
・醬油……3大匙
・味醂……3大匙

Ⓐ

〔甜味噌〕
・麴味噌……180g
・砂糖……90g
・酒……50cc
・美乃滋……25g

〔甜味噌根菜〕
・紅蘿蔔……1／2根
・牛蒡……1／2根
・蓮藕……1／3根
・蜂斗菜……1／2根
・白煮蛋……4顆

・煮好的根菜和蛋可以先在甜味噌中浸泡數小時，吃起來會更入味。

做法

〔野生鹿肉佃煮〕
1. 將鹿肉切成一口大小。
2. 把薑切成片狀。
3. 把所有Ⓐ倒入深鍋中，加入1.和2.。
4. 用小火煮透之後，馬上關火。
5. 等4.冷卻後，再次用小火加熱，在沸騰之前關火。
6. 等候5.冷卻後，再度用小火加熱，在沸騰前關火，冷卻後即可品嘗入味的佃煮。

〔甜味噌〕
1. 將所有材料放入平底鍋，邊攪拌，邊用小火加熱。
2. 當味噌表面不斷冒泡時關火，完成。

〔甜味噌根菜〕
1. 削去蔬菜的皮，切成適當的大小。
2. 煮熟1.的蔬菜。
3. 白煮蛋剝殼後切成兩半。
4. 瀝乾2.的蔬菜水分，與3.和鹿肉佃煮一同盛盤，並在盤緣放上甜味噌即完成。

大香葉麻糬

クロモジもち

麻糬的內餡有芋頭味噌、納豆味噌和漬物味噌三種。自古以來，包著味噌和納豆的麻糬，被京都人稱作「遠離醫生」的健康代表，深受當地人喜愛。京北地區是納豆發源地之一，包了納豆的「納豆麻糬」是新年的經典料理。據說當初是為了推廣家鄉味，而混合了大香葉粉來製作麻糬。

材料（約25個份）

〔麻糬〕

- 糯米……4杯（600g）
  ※需先泡水一晚
- 小芋頭……1～2顆（60g）
- 玉米澱粉……適量
- 麵粉……40g
- 加入麵粉用的溫水……30cc

Ⓐ

- 白糖……40g
- 大香葉粉……18g
- 鹽……4g
- 冷開水……20cc

做法

1. 在麵粉中加入溫水，調成稠狀備用。
2. 將小芋頭洗淨、去皮，放入500～600W的微波爐中加熱約5分鐘。
3. 從微波爐中取出小芋頭，假如已經夠軟，各切成對半。
4. 將糯米放入麻糬機中，啟動機器。
5. 當麻糬機開始搗米時，倒入1.、3.以及Ⓐ，繼續讓機器運轉。
6. 在用來裝麻糬的容器上鋪好烘焙紙，薄薄地撒上玉米澱粉。
7. 取出5.的麻糬，放入6.的容器中。
8. 每次取出約35g的麻糬，稍微壓平成圓形，在中間放上喜歡的餡料，將麻糬對折後即完成。依內餡不同，最好在麻糬上加上不同裝飾以便區分。

三種麻糬餡料

芋頭味噌

材料

- 小芋頭……1顆（30g）
- 減鹽味噌……15g
- 三溫糖……20g
- 日式美乃滋……5g

做法

1. 將小芋頭洗淨、去皮，放入500～600W的微波爐中加熱約5分鐘。
2. 從微波爐中取出軟化的小芋頭，切成粗塊，加入減鹽味噌、三溫糖、美乃滋攪拌均勻。開小火加熱至水分蒸發，即完成餡料。

納豆味噌

材料

- 小粒納豆（日本產）……20g
- 減鹽味噌……15g
- 三溫糖……15g
- 日式美乃滋……5g

做法

1. 把小粒納豆切成碎塊。
2. 將1.混合減鹽味噌、三溫糖、美乃滋，輕輕拌勻之後即完成。

漬物味噌

材料

- 福神漬……35g
- 三溫糖……5g
- 日式美乃滋……5g

做法

1. 用廚房紙巾吸乾福神漬的水分。
2. 將1.、三溫糖、日式美乃滋混合拌勻，開小火加熱至水分蒸發，即完成餡料。

京都市培育了以「京料理」為代表的豐富飲食文化。即使京都人表示「想吃美食就去外面吃（意指『外食』），平常咱家也不會做什麼大不了的東西」，但有些地方仍透露出他們對日常料理的堅持。例如豆腐要在這家買，味噌要去那家買，每個人都有自己喜愛的老店。京都人非常重視充滿季節色彩的大大小小慶典和習俗，

例如二月的初午祭要品嘗「芥末涼拌農家菜」，七月的祇園祭則要享用「海鰻料理」，這類獨特的飲食文化延續至今。包括小型祭典活動在內，雖然有各種接二連三讓人吃個不停的慶典料理，但這也是當地人享受季節的方式之一。

蕪菁炸豆皮燉菜

かぶらとお揚げの炊いたん

在京都，蕪菁被稱作「蕪」。需要花時間燉煮的「蕪菁炸豆皮燉菜」是一道口感鮮美，入口即化的料理。燉煮入味的柔軟蕪菁，加上蕪菁葉和炸豆皮的彈性口感與香氣，更顯豐富多彩。在碗中盛滿湯汁，即成為餐桌上的一道美味湯品。

材料（2～3人份）

- 炸豆皮……1／3片（一般市售炸豆皮約1／2片）
- 蕪菁……小型約1～2顆，大型約1／4顆
- 高湯……適量
- 淡醬油……1／2大匙
- 味醂……少量
- 七味唐辛子……適量

做法

1. 把蕪菁橫切成薄片，再十字對切成四等分，蕪菁葉切成約4公分長，炸豆皮也切成4公分的長條狀。
2. 把1.放進鍋內，加入足以淹過食材的高湯，以及淡醬油和味醂，用大火煮開。
3. 煮沸後轉中火，去除浮沫。煮到蕪菁轉為透明且變軟，最後再稍微調整一下口味即可。
4. 在碗中盛入湯汁，依個人喜好撒上七味唐辛子等調味料即完成。

白蘿蔔炸豆皮燉菜

大根とお揚げの炊いたん

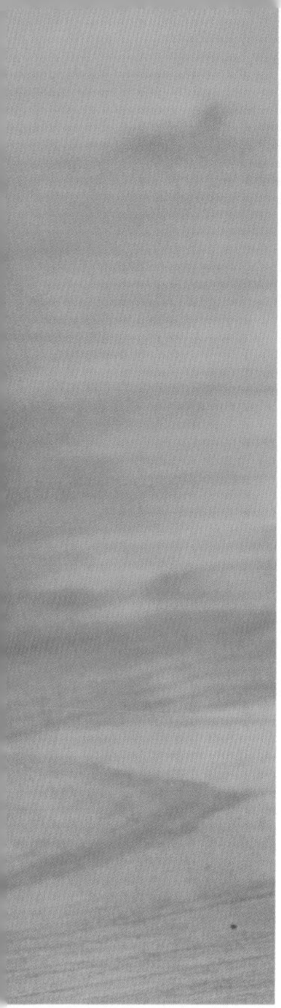

用小魚乾熬成的高湯將白蘿蔔煮到柔軟入味，再加上柚子皮點綴，就成了冬天的風味料理。柚香是京都冬日必備的香氣，可用於燉煮、湯汁與各式甜點中。切成細絲或是磨碎之後，撒一些在家常菜上，就能使味道更添一絲高雅感。

材料（4～5人份）

- 炸豆皮……2／3片（一般市售炸豆皮約1片）
- 小魚乾……1小把
- 白蘿蔔……2／3根
- 柚子皮……適量

Ⓐ

- 淡醬油……1.5大匙
- 味醂……2大匙
- 砂糖……1／2大匙

做法

1. 白蘿蔔不削皮，橫切成約3公分厚度，再十字對切成四等分。
2. 炸豆皮切成一口大小。
3. 把1.和2.、小魚乾、Ⓐ一起放進鍋裡，加入足以淹過白蘿蔔的水，煮開。
4. 白蘿蔔變軟後再確認一次調味，關火、放涼，使食材更加入味。
5. 食用前再加熱、盛盤，撒上切絲的柚子皮即完成。

・由於小魚乾營養豐富，請一定要一起享用。

南瓜燉菜（表親燉菜）

かぼちゃの炊いたん（いとこ煮）

在冬至時，日本有個祈求健康的習俗。人們相信食用南瓜、蓮藕、大根等帶有假名「ん（讀音n）」做的菜，可以預防感冒，驅除邪氣，安穩度過冬季［「南瓜」在關西地區別名「南京」，讀音為「なんきん（nan-kin）」］。某些地區會加入紅豆一起煮，做成「表親燉菜」。

材料（4人份）

- 南瓜……1／4顆（400g）
- 蜜紅豆……適量
- 小魚乾……10g

Ⓐ

- 淡醬油……1.5大匙
- 味醂……1.5大匙
- 砂糖……1大匙
- 水……1杯

做法

1. 將南瓜切成一口大小。
2. 在鍋中加入小魚乾、1.和Ⓐ，煮至南瓜變軟。
3. 加入蜜紅豆，充分加熱後，就是傳統的表親燉菜。

・使用生紅豆的話，最好在前一晚就用足夠的水浸泡過，然後在2.跟南瓜一起煮透。

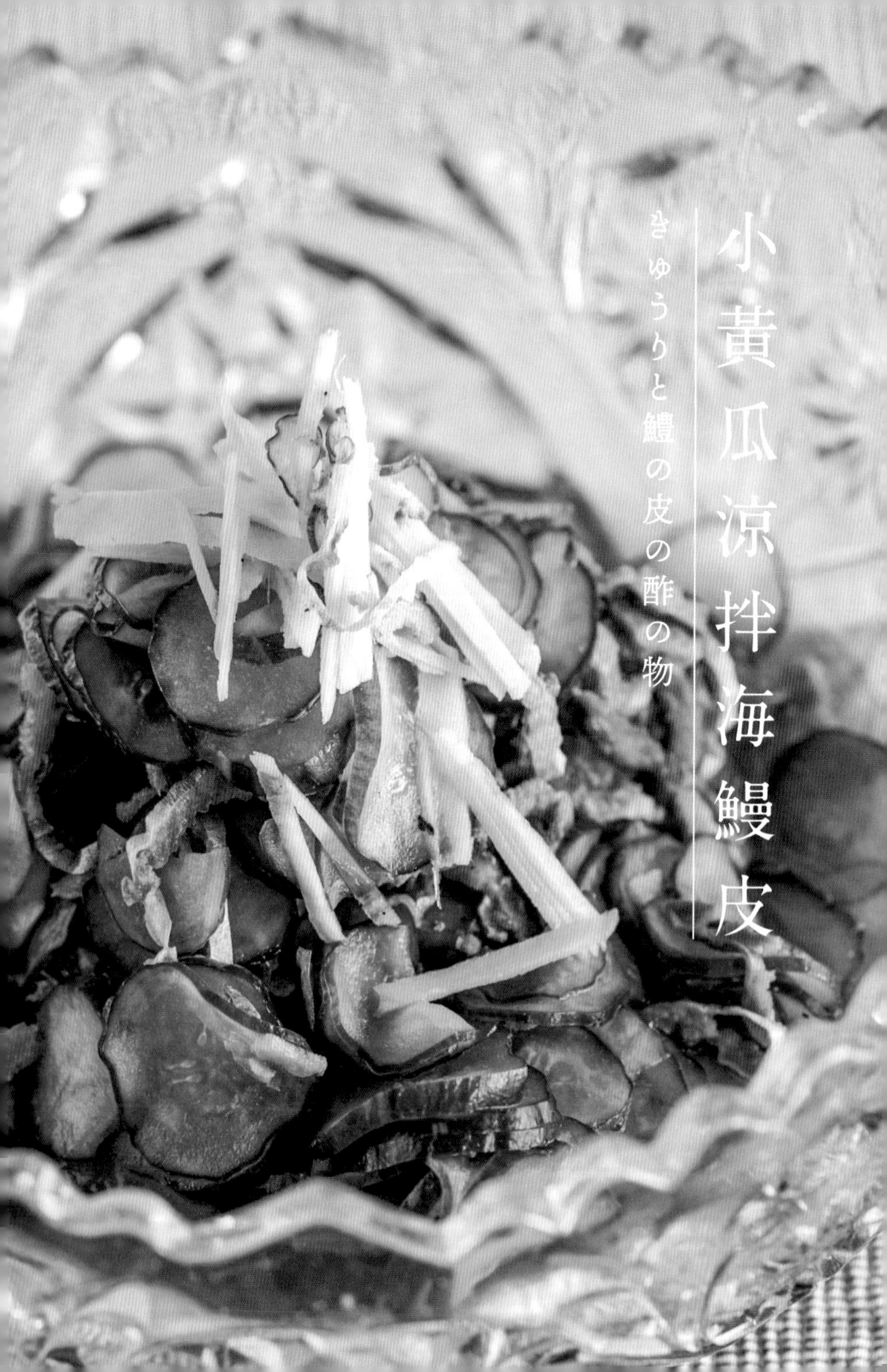

小黃瓜涼拌海鰻皮

きゅうりと鱧の皮の酢の物

提到京都的夏天，就少不了海鰻。這道料理能令人在炎熱夏日中嘗到清爽的風味，同時補充營養。用土佐醋涼拌海鰻皮和小黃瓜，裝盤後點綴細薑絲，宛如小山丘的擺盤，也意味著這道菜「還沒有人動過筷子」。

材料（4人份）

- 海鰻皮……50g
- 小黃瓜……3根
- 薑……適量

Ⓐ

- 高湯……3大匙
- 醋……2大匙
- 淡醬油……1大匙
- 味醂……1大匙

做法

1. 把Ⓐ倒入鍋中煮沸，製作土佐醋，放涼備用。
2. 將小黃瓜切成薄片後放進調理盆，加入一小撮鹽，搓揉至變軟，並輕輕擠壓。
3. 把切細的海鰻皮放進另一個調理盆，倒入2.及1.仔細拌勻。
4. 將3.盛入容器，放上細薑絲即完成。

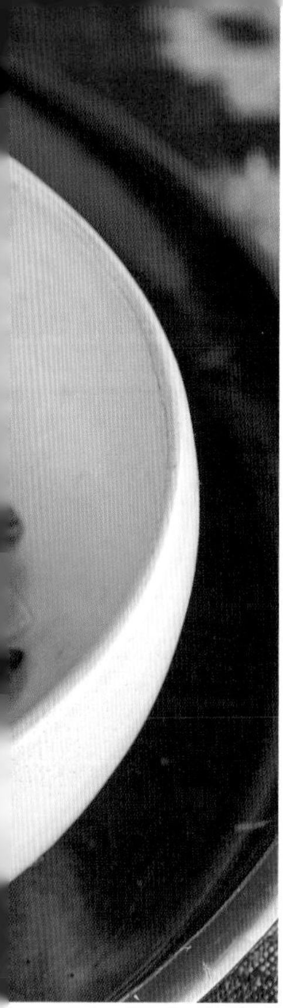

芝麻醋拌蔥炸豆皮

ねぎとお揚げのごま酢和え

炸豆皮是十分受歡迎的萬用食材，可煎可煮，也能當作涼拌的配菜。煎到呈現金黃色邊緣微焦，與蔥一起做成涼拌小菜，可以同時品嘗到兩種不同的口感。此外，煮蔥的高湯還能煮味噌湯等其他湯品，不妨一舉數得，充分享用其美味與營養。

材料（4人份）

- 炸豆皮……2／3片（一般市售炸豆皮約1片）
- 蔥……1束（京都九條蔥約6～7根）

Ⓐ

- 芝麻醬……2大匙
- 碎芝麻……2大匙
- 砂糖……2大匙
- 淡醬油……2大匙
- 醋……2大匙
- 水……2大匙

做法

1. 把蔥切成約4公分長，入水汆燙。
2. 將炸豆皮烤至兩面金黃，略帶焦色。
3. 2.切成長條狀（寬度約5公厘，長度與蔥相同）。
4. 在調理盆中混合Ⓐ，製作成芝麻醋，然後加入1.和3.拌勻即可。

• 芝麻醋的調味料全都按照一比一的比例。可趁機多做一些，也適用於豆腐或魚類料理中。

燜燒沙丁魚

鰯の炊いたん

這是一道當你恰巧入手許多小沙丁魚時，可以做起來存放的料理。在離海洋較遠的京都市，新鮮的魚不易取得，自古都有用番茶和梅干來消除腥味、烹調魚肉的習慣。如今，隨著物流和冷藏技術的發展，這道料理成為品嘗魚肉鮮美的技巧了。

材料（5人份）

- 小沙丁魚……20隻
- 正鰹柴魚片……1小撮
- 番茶茶葉……1小撮
- 炒芝麻……適量

Ⓐ

- 薑……1小塊
- 梅干……2顆
- 山椒……1大匙（依個人喜好）
- 砂糖……2大匙
- 濃醬油……2大匙
- 酒……2大匙
- 味醂……1／2大匙

做法

1. 準備小沙丁魚，切除頭部及內臟。
2. 在鍋中加入600cc的水和茶葉，煮成番茶後冷卻備用。

3. 將小沙丁魚排列在另一個鍋中，加入Ⓐ以及足以淹過魚的2.，蓋上落蓋見（p39），加熱至沸騰。

4. 沸騰後立刻撈去浮沫，轉小火煮約20分鐘，注意別煮焦了。當水分蒸發得差不多之後，再度加入足以淹過魚的2.，繼續用小火煮，重複此步驟直到用完2.的番茶，共需花上約1小時煮至濃稠。

5. 從鍋中取出小沙丁魚，趁熱灑上柴魚片和炒芝麻。

6. 等5.冷卻後即可食用。

・在完成前最好不要碰小沙丁魚，以確保整體形狀完整、美觀。煮完後，可以將魚排列在篩子或網上，曬2～3小時的陽光，這樣在冰箱裡就能保存得更久。

信田捲

信田巻き

在關西地區，炸豆皮也被稱作「信田」。將時令食材包裹在炸豆皮中，用干瓢捆緊以免食材散開，不僅外觀好看，也是一道受歡迎的宴客佳餚。有些家庭甚至會加入鰻魚來製作成御節料理。

材料（5人份）

- 炸豆皮……1片（一般市售炸豆皮約2片）
- 牛蒡……2根
- 四季豆……150g
- 紅蘿蔔……1根
- 乾香菇……2朵
- 干瓢……10g（約25公分長，5～6條）
- 麻油……1／2小匙

Ⓐ

- 高湯（泡發乾香菇的水）……2杯
- 淡醬油……2大匙
- 味醂……2大匙
- 砂糖……1大匙

做法

1. 炸豆皮稍微汆燙，可去除多餘油分，也較容易攤開。留下長的一端，薄薄切去其餘三邊，用手攤開。
2. 將牛蒡和紅蘿蔔切成長條片狀，去掉四季豆的筋絲，以加入少許鹽的水煮熟。
3. 把乾香菇泡水後切成細條，保留泡發香菇的水。
4. 把泡軟的干瓢切成可綁成卷的長度（約25公分）。
5. 在捲簾上鋪上炸豆皮，放入2.和3.，前面預留約2公分左右的空間，從前面捲緊，用干瓢固定5～6處。
6. 把5.和Ⓐ放入鍋中，燉煮約20分鐘，可加入少許麻油增添風味。
7. 關火，靜置半天或至隔夜，使信田捲更入味。從鍋中取出之後，從兩條干瓢中間切開，切面朝上盛盤。

・食材煮熟後容易變軟並散開，所以要用干瓢牢牢綁緊。

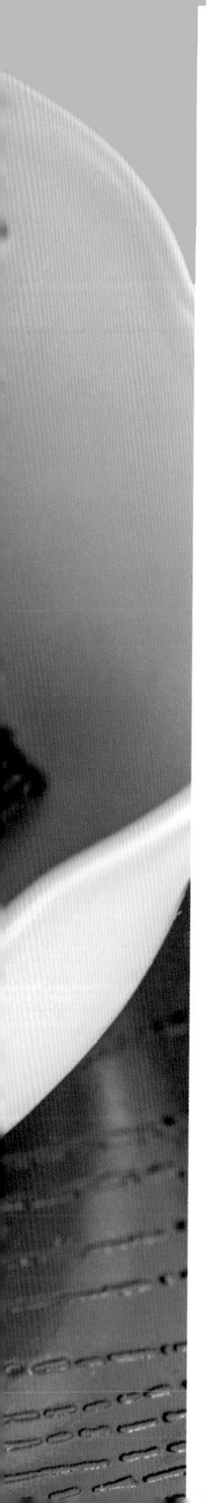

涼拌芝麻菠菜豆腐

ほうれん草とごまの白和え

菠菜、芝麻與豆腐，將這三個食材「白和」（即指「涼拌」）起來，就是一道口感柔滑、滋味醇厚的古早味小菜。請務必徹底瀝乾菠菜和豆腐的水分，然後添加高湯和大量的芝麻，讓味道更富層次。

材料（4人份）

- 絹豆腐……半條
- 菠菜……1束
- 碎芝麻……2大匙
- 高湯醬油……1大匙

做法

1. 菠菜燙熟後，瀝乾水分，切成2公分長。
2. 瀝乾絹豆腐，放進調理盆中，用木匙等器具搗碎。如果希望口感更滑順，可以使用研磨缽。
3. 在2.加入碎芝麻、高湯醬油和1.，攪拌均勻即完成。
4. 盛盤，撒上碎芝麻（另外準備）即完成。

小蕪菁一夜漬

小かぶの一夜漬け

小蕪菁相當適合用於燉煮或沙拉等菜色。假如料理過後有剩，也可以做成一夜漬。水分豐富的小蕪菁製作成漬物後，會變得柔軟可口，味道清爽淡雅，非常適合當作餐桌上解膩的小菜。

材料（2人份）

- 小蕪菁……1顆
- 柚子皮……適量
- 鹽……1小撮
- 昆布……適量

做法

1. 將小蕪菁去皮後切成半月形。
2. 將1.和鹽巴放入袋中，搓揉均勻之後靜置一晚。
3. 盛盤時，加入適量柚子皮、昆布等配料即可完成。

湯豆腐佐特製醬汁

特製だれ付き湯豆腐

豆腐單吃固然不錯，但也不妨加入豬肉或海鰻，做成更具飽足感的湯豆腐吧。京都每戶人家都會花心思調配獨門醬料，此處可用生蘿蔔泥、蔥和烤海苔，來調製出口感清爽又有個性的滋味。豆腐不用先切好，直接放入土鍋，用餐時以湯匙等餐具切開盛入碗中即可。

材料（3～4人份）

- 海鰻肉……適量
- 豬肉……適量
- 豆腐……2塊
- 高湯用昆布……1片（約15×10公分大小）

〔特製醬汁〕

- 白蘿蔔……1／3根
- 九條蔥……1／2～1束
- 花鰹柴魚片……15g～25g（1小把）
- 烤海苔……5片
- 濃醬油……1杯

做法

1. 烤海苔輕烤表面後，放入塑膠袋中揉成碎片。
2. 把柴魚片放進另一個塑膠袋中，輕輕搓揉成碎片。
3. 把白蘿蔔磨成泥，九條蔥切成細蔥花。
4. 在調理盆中加入1.～3.和醬油，攪拌均勻。
5. 在土鍋中加入水，放入昆布和豆腐，加熱到即將沸騰時轉小火，加入海鰻肉或豬肉輕輕涮熟。
6. 調整火力，不要讓湯汁煮滾，沾些4.的醬汁即可開動。

鯛麵

鯛めん

將一整條鯛魚煮熟，並用鯛魚高湯煮烏龍麵。這道「鯛麵」，據說是傳承自京都市高雄地區的節慶佳餚。煮得柔軟入味的鯛魚自然相當美味，搭配鯛魚湯頭的烏龍麵亦成一絕。

材料（4人份）

- 烏龍麵……4球
- 鯛魚……1隻
- 高湯……適量

Ⓐ
- 酒……150cc
- 味醂……60cc
- 砂糖……3大匙
- 濃醬油……100cc
- 水……250cc

做法

1. 去除鯛魚的鱗片、鰓和內臟，徹底清洗。
2. 在魚身上斜切2～3刀。
3. 在寬口鍋中將水煮沸，迅速汆燙鯛

魚，然後放入冷水中，徹底清除殘留的魚鱗與內臟周邊。

4. 在另一個鍋中倒入Ⓐ，煮沸後加入3.。

5. 再次煮沸後，仔細撈去浮沫，舀起滷汁來回淋在整隻鯛魚上，然後蓋上沾濕的落蓋，用中火煮4～5分鐘。

6. 取出鯛魚，加入高湯，依個人喜好適度稀釋滷汁。

7. 在6.中加入燙熟的烏龍麵，用小火慢慢煮至麵條充分吸收湯汁。

8. 入味後，將鯛魚和烏龍麵裝盤即完成。

・煮鯛魚時，可先在鍋底鋪上鋁箔或竹葉，避免在6.取出鯛魚時骨肉分離。

蓮藕散壽司

れんこんのおすもじ

「御酢文字（おすもじ，osumoji）」在京都方言中意指壽司。在這道散壽司中，加入了黃色蛋絲、紅薑絲和綠色鴨兒芹，由白色的蓮藕擔綱主角，色彩繽紛。裝在木桶中的大分量散壽司，在各種節慶場合都絕不缺席，爽脆的蓮藕口感和柚子清新香氣，是一道引人食指大動的華麗料理。

材料（5～6人份）

- 壽司米……3杯
- 吻仔魚乾……200g
- 蓮藕……400g
- 鴨兒芹……1束
- 蛋絲……2～3顆蛋的分量
- 紅薑絲……適量
- 昆布……4～5公分
- 炒芝麻……適量

Ⓐ
- 醋……2大匙
- 鹽……1小撮
- 砂糖……1大

Ⓑ
- 醋……2大匙
- 砂糖……2大匙
- 鹽……1／2小匙
- 柚子或檸檬汁……1大匙

做法

1. 在煮壽司米之前加入昆布。
2. 蓮藕對半切成約2公厘厚的半月形，放入鍋中，加入Ⓐ和足以蓋過食材的水煮沸。當蓮藕變透明，關火並靜置冷卻。
3. 將煮好的壽司飯倒進木桶中，均勻灑上Ⓑ，用飯勺拌勻後靜置冷卻。
4. 將吻仔魚乾和2.的蓮藕加入3.中，同樣用飯勺拌勻。
5. 在4.均勻撒上炒芝麻，放上蛋絲、鴨兒芹和紅薑絲即完成。

・可以多做一些，隔天加入牛蒡、紅蘿蔔、香菇和烤鰻魚，就能製成「蒸壽司」。假如沒有蒸籠，用微波爐加熱也同樣美味。

這是流經京都市區的鴨川。在四條大橋與三條大橋周邊的繁華街道上，人們坐在河邊聊天、演奏樂器，形形色色的人聚集在這裡，隨意地度過悠閒時光。沿著鴨川上游走去，也就是往北方前進，氣氛會逐漸轉為寧靜。

北區囊括了沉穩莊嚴的上賀茂神社、大德寺等大型寺院。此處盛行栽種蔬菜，有些人會把蔬菜裝在如天秤般吊掛的容器中，進行「晃賣」。我們可以在京都北區學到如何善用大量食材，製作出能長期保存的佃煮料理。這類料理即便在忙碌之餘，也能趁空檔輕易享用，因而備受人們重視。

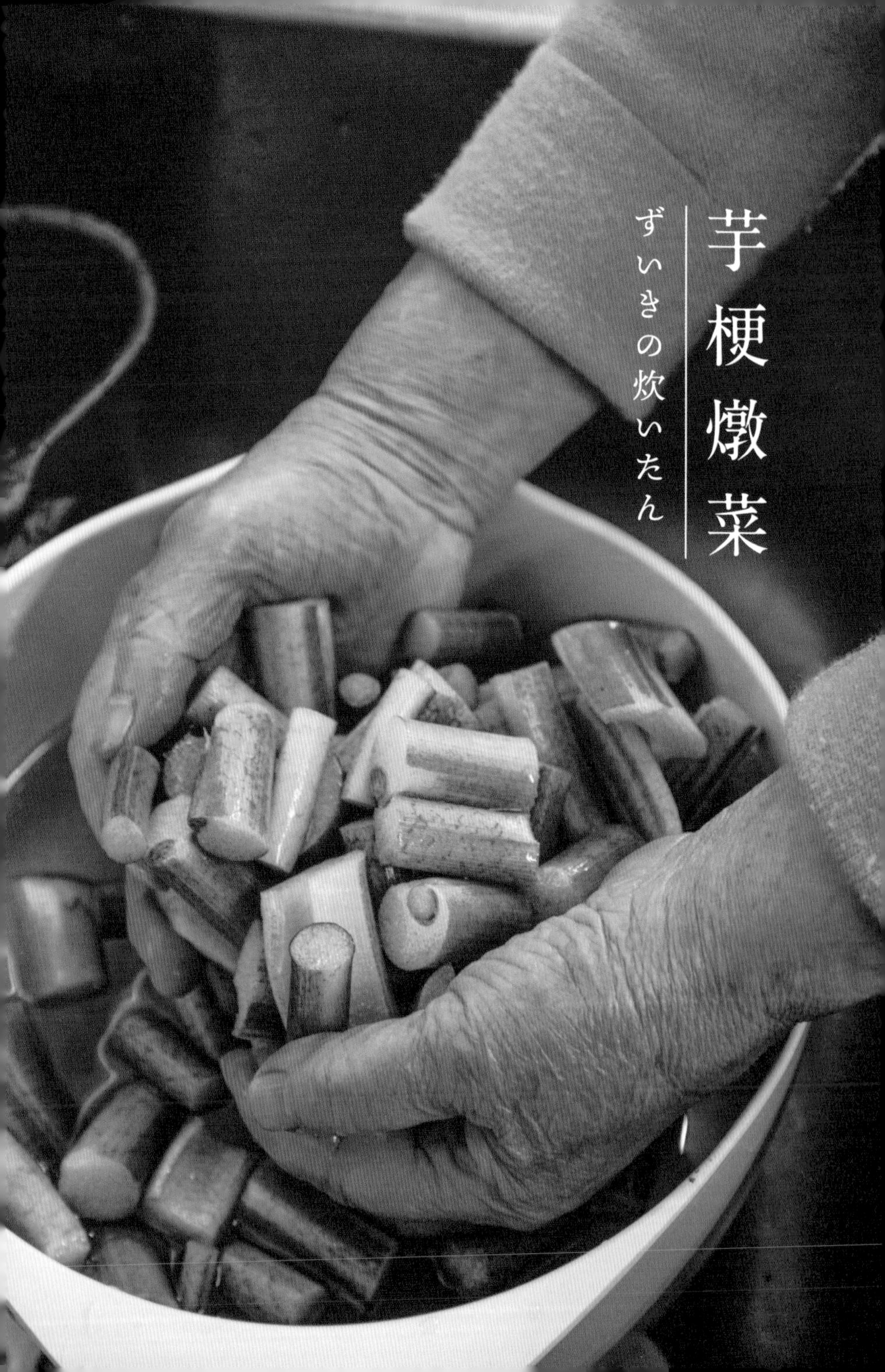

芋梗燉菜

ずいきの炊いたん

「芋梗」是指小芋頭的葉柄（葉與莖之間的部分）。依據不同品種，可能需要進行去澀或削皮等額外處理，但也由於其獨特的口感和風味而廣受歡迎。為了凸顯薑泥的香氣，建議使用較淡的調味。

材料（4人份）

- 炸豆皮……1／2片（一般市售炸豆皮約1片）
- 芋梗……300g
- 薑……少量
- 醋……少量（兩次份）
- 小魚乾高湯……2杯

Ⓐ
- 酒……1大匙
- 醬油……1大匙
- 鹽……1／2小匙

做法

1. 把芋梗切成4～5公分長度（太粗的要剖半），在加了醋的水中泡約1小時，去除澀味。
2. 煮一大鍋水，加入醋和少許鹽（不包含在分量內），倒入1.，煮至熟透後篩起，瀝去水分備用。
3. 炸豆皮用熱水燙過去油，切成細條備用。
4. 在鍋中倒入小魚乾高湯，煮沸後加入3.和Ⓐ。再度沸騰後加入2.的芋梗，煮約5分鐘。
5. 將4.盛盤，撒上磨好的薑泥即完成。

・由於芋梗很容易失去清脆的口感，建議燉煮時間不要太長。

紫蘇果佃煮

しその実の佃煮

紫蘇果是在花開後結出的小果實，也稱作「紫蘇穗」，有時會加進沾生魚片的醬油增添香氣。這道佃煮口感粒粒分明，又帶有獨特香氣，不僅適合配飯，平常也可以作為調味料使用，為料理的美味程度加分。

材料（4人份）

- 紫蘇果……100g
- Ⓐ
  - 酒……4大匙
  - 醬油……1大匙

做法

1. 從莖上剝下果實，徹底清洗並瀝乾水分。
2. 把1.和Ⓐ放入鍋裡，煮約3分鐘，把醬汁煮滾就完成了。

豪華煮

ぜいたく煮

將醃漬過的白蘿蔔去除鹽分，再重新調味，製成「豪華煮」。高湯和醬油的滋味充分滲入蘿蔔片，柔軟的獨特口感使人欲罷不能。加點巧思將漬物做些變化，就是一道美味升級的家常菜。

材料（4人份）

- 醃漬白蘿蔔……1kg
- 辣椒……少許
- 高湯……1500cc
- 砂糖……80g
- 醬油……70cc

做法

1. 將醃漬過的白蘿蔔切成3～5公厘的切片，浸泡在水中一晚去除鹽分（期間更換4～5次水）。
2. 將1.、高湯（淹過白蘿蔔）、辣椒、砂糖放入鍋中，將白蘿蔔煮至喜好的硬度。
3. 加入醬油適度調味，完成。

- 在煮白蘿蔔時，加入1杯去掉頭和內臟的小魚乾一起煮，也十分對味。

鼬鼠燴湯

いたちのあんかけ

「鼬鼠」指的是那些躲在葉子後面、在收成時期被遺忘而長得太大的小黃瓜。鼬鼠黃瓜長而粗，有時甚至長達40～50公分。將之做成燴湯，可以品嘗到與平常生吃小黃瓜完全不同的風味。

材料（4人份）

- 鼬鼠黃瓜……3根

※不易取得時，可拿較大的小黃瓜（6～8根）代替

- 薑泥……少量
- 葛粉（或太白粉）……1大匙

Ⓐ

- 高湯……3杯
- 醬油……1～2大匙
- 鹽……1小匙

做法

1. 將鼬鼠黃瓜去皮，縱切對半並去籽後，切成約1公分的薄片。
2. 將Ⓐ倒入鍋中，再加入1.一起煮。
3. 等黃瓜煮熟，加入溶解於等量水（另外準備）的葛粉，攪拌至高湯整體變得黏稠，然後關火。
4. 盛盤，放上少許薑泥即完成。

苦瓜佃煮

ゴーヤの佃煮

苦瓜放置太久容易變色，所以若一次入手大量苦瓜，不妨趁新鮮時製作成佃煮。微微苦味搭配甜甜鹹鹹的醬油味，是一道能讓人多配好幾碗飯的小菜。由於苦味並不明顯，因此也推薦給原本不太敢吃苦瓜的人。

材料（4人份）

- 苦瓜……1條（約300g）
- 柴魚片……10g
- 炒芝麻……1大匙

Ⓐ

- 砂糖（或蔗糖）……80g
- 濃醬油……30cc
- 淡醬油……15cc

做法

1. 將苦瓜縱向剖成兩半，用湯匙挖掉中間的籽和內膜，切成3公厘左右的薄片。
2. 把1.放進煮沸的水中汆燙（不要煮太久），徹底擰乾水分。
3. 把2.和Ⓐ加入鍋中，開中火燉煮。
4. 煮到醬汁幾乎快收乾時，關火，加入柴魚片和炒芝麻拌勻即可。

木胡椒佃煮（唐辛子葉佃煮）

きごしょ（葉とうがらしの佃煮）

「木胡椒」是指唐辛子（辣椒）的葉子。在霜降時節採收變得較柔軟的唐辛子葉，然後製作成佃煮。這道小菜帶著獨特的香氣，有些許懷舊的味道。由於整體口味較淡，可以依個人喜好撒上一點辣椒粉來增添風味。

材料（4人份）

- 辣椒葉……300g
- 高湯……300cc

Ⓐ
- 吻仔魚乾……50g
- 砂糖……1大匙
- 醬油……2大匙
- 味醂……1大匙

做法

1. 充分洗淨唐辛子葉，在水中浸泡半小時至1小時。
2. 在煮沸的熱水中加入少許鹽巴（另外準備），倒入1.。煮至變軟後泡進水中，更換2～3次清水以去除澀味，最後將水分瀝乾。
3. 將高湯與Ⓐ放入鍋中，煮沸後加入2.，煮至湯汁收乾即完成。

番薯藤佃煮

いもづるの佃煮

番薯藤富含纖維質，但去皮後煮至軟爛，就能成為餐桌上不可或缺的小菜，吃起來格外下飯，是道值得常備在冰箱中的家常菜。由於番薯藤較容易腐壞，請盡早燙熟備用。

材料（4人份）

- 番薯藤……500g

Ⓐ

- 高湯……3大匙
- 砂糖……2大匙
- 醬油……3大匙
- 味醂……1大匙
- 酒……3大匙
- 麻油……2大匙

做法

1. 將番薯藤切成長約3～4公分，較粗的部分要削去2～3處的皮。
2. 汆燙1.，並仔細瀝乾。
3. 加熱平底鍋並倒入麻油，將2.炒至變軟，倒入Ⓐ調味即可完成。

・如有加入山椒子（山椒の実），即使口味做得淡一點也很美味。

麥饅頭

麦まんじゅう

在插秧季節，人們會贈送給繁忙的農家不同的食物來當作慰勞品，這樣的禮物被稱作「插秧問候」，據說許多農家會用麥饅頭作為回禮。有些家庭會則會在盂蘭盆節時做這道點心來當作供品。這種饅頭有著Q彈的口感，並帶有豌豆餡的樸實甜味，非常美味。

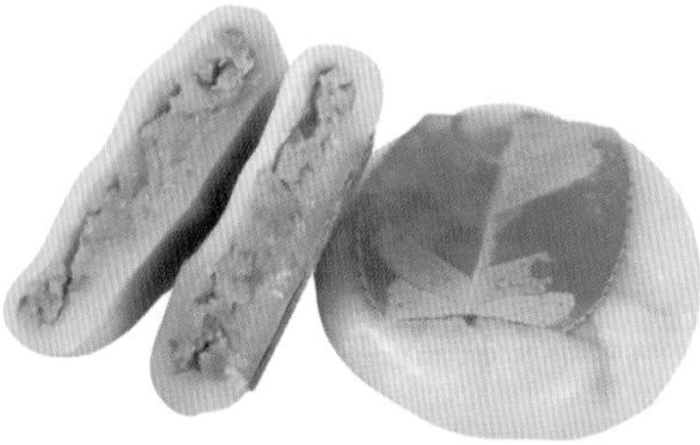

材料（30個份）

Ⓐ

- 麵粉……500g
- 砂糖……15g
- 水……260cc

Ⓑ

- 碗豆……500g
- 砂糖……400g
- 鹽……3小匙

- 山茶花葉片……30片

做法

1. 製作外皮。在調理盆中加入Ⓐ的麵粉和砂糖拌勻，慢慢分次加入少量水，揉合成比耳垂還要軟的狀態。蓋上濕布靜置一夜。
2. 把豌豆放入鍋中，加入足以蓋過的水，煮至變軟。煮好後取出豆仁，加入少量水（另外準備），用調理機攪拌成泥。
3. 在鍋中加入2.、Ⓑ的砂糖和鹽，煮至稍微變硬製成餡料。
4. 將1.搓成比玻璃珠小一點的圓球（約30等分），之後壓扁成圓形，包入3.的餡料，稍微塑型後放上山茶花的葉片。
5. 在蒸鍋底部鋪上布巾，蒸5~7分鐘。
6. 蒸熟後排列在調理盤中，灑上少許水增添光澤即完成。

・爲了讓皮有延展性，需要將1.靜置一夜來醒麵。將350g的麵粉和150g的糯米粉混合在一起，皮比較不容易變硬，但饅頭表面也會較缺乏光澤感。

2 章 山城

—宇治市／京田邊市・綴喜郡—

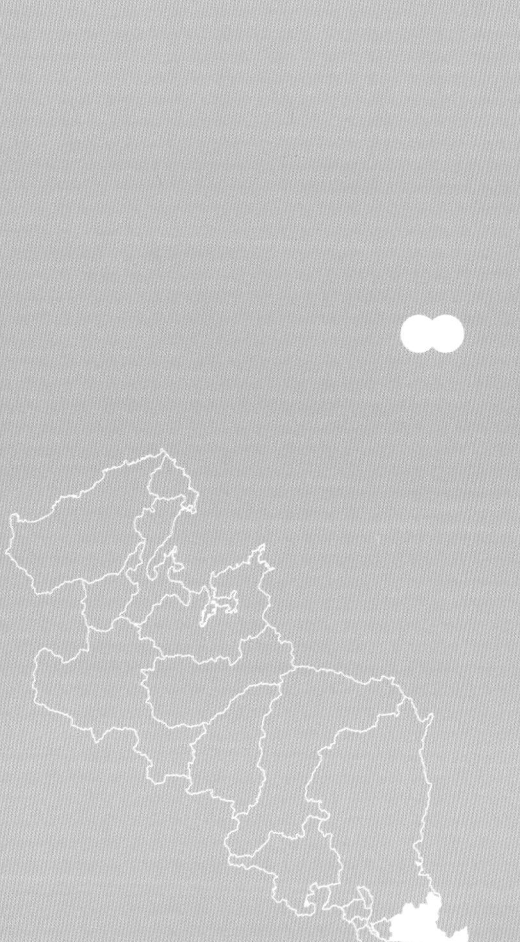

鄰近京都市南方的宇治市，是足以代表日本的高級茶「宇治茶」產地。據說宇治在十三世紀初開始栽培茶葉，由於得天獨厚的天然環境等因素，使得飲茶文化迅速地擴展開來。當然，如今當地仍有十分貼近日常生活的飲茶文化，例如漫步在街道上，會發現許多製茶廠和茶舖。宇治市的小學，甚至會直接以水龍頭提供茶水。而看似簡單的茶，其實還可細分為「煎茶」、「玉露」、「碾茶」、「抹茶」等種類，除了直接飲用，還能製作成甜點或料理。依據不同場合和需求，提供人們多樣化的選擇。

酸莖櫻花蝦

すぐきと干し桜えび

京都多采多姿的漬物中，酸莖與千枚漬、柴漬並列為「京都三大漬物」。這是一道能品嘗乳酸發酵清爽酸味的風味料理，也非常適合當作下酒菜，搭配清酒或葡萄酒一起飲用。

材料（3人份）

- 酸莖漬物……1／2個
- 櫻花蝦乾……2大匙
- 青紫蘇葉……適量

做法

1. 切去酸莖的葉片部分，切成3公厘左右的薄片。
2. 把酸莖的葉片切碎，和櫻花蝦乾混合均勻。
3. 將1.和2.交錯相疊，像製作千層酥一樣，之後用保鮮膜包起來，放入冰箱冷藏至少半天以上。
4. 切成易食用的大小，在盤中先鋪上青紫蘇葉，放上即完成。

- 步驟4請連同保鮮膜一起切，比較不容易散掉。此外，也可以依個人喜好淋上一些麻油，添加些許中華料理的風味。

腐皮牛肉時雨煮

湯葉と牛肉のしぐれ煮

豆腐皮在京都懷石料理中很常見。在專門的零售店中，有時也可以低價買到豆腐皮碎片，非常推薦用於家常菜。提到腐皮料理，各位可能會有味道較淡的印象，但用在調味較濃厚的時雨煮中，卻能成為相當下飯的組合，腐皮的口感和鬆軟的牛肉格外搭配。

材料（容易製作的分量）

- 乾燥豆腐皮（碎片）……約2把（約100g）
- 薄切牛肉（瘦肉）……150g

Ⓐ
- 砂糖……2～3大匙
- 醬油、味噌……各30cc
- 酒、水……各100cc

做法

1. 將乾燥豆腐皮浸泡在水中約15分鐘後，移到篩子裡瀝乾。
2. 把牛肉切成容易食用的大小。
3. 在鍋中加入Ⓐ，開大火加熱。一旦開始沸騰，加入2.。
4. 當牛肉煮到顏色出現變化時，轉至中火，加入1.，煮到湯汁收乾即完成。

・如果可以，請選用紅糖之類帶有濃郁甜味的糖。最後可以依照自己的喜好，像照片右側那樣撒上山椒、辣椒等調味料。假如想加吻仔魚乾，請在最後的步驟轉至中火後，加入2大匙吻仔魚乾，沸騰後再加入1.，將湯汁煮到收乾即可。

蓮藕饅頭

れんこんまんじゅう

這是一道暖呼呼、熱騰騰，特別適合冬天的勾芡料理。將磨成泥狀的豆腐和蓮藕揉合成饅頭，再包入色彩豐富的時令餡料，炸過之後淋上勾芡。口感比看起來更具彈性，是令人回味無窮的冬季美食。

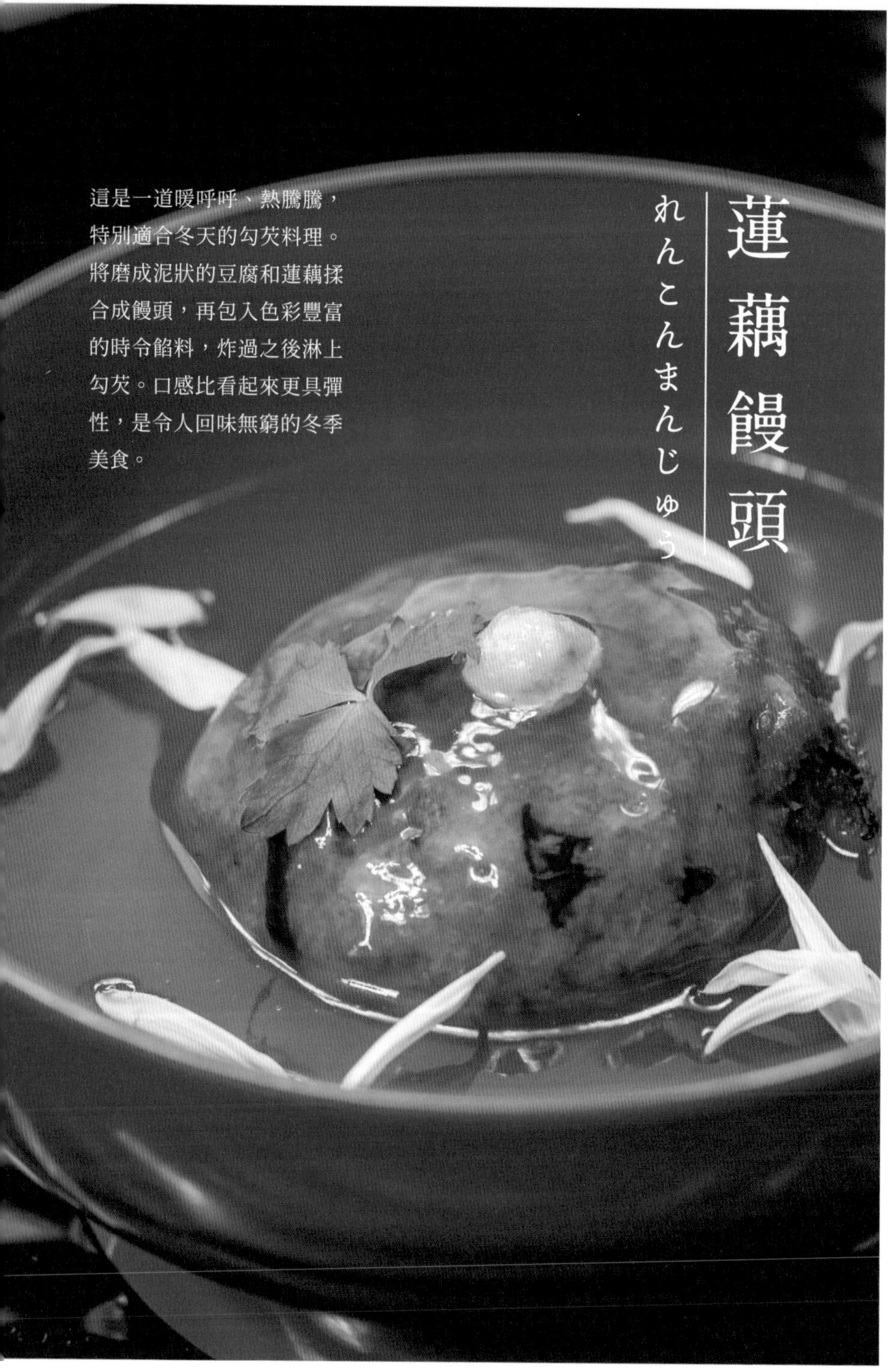

材料（3人份）

- 木棉豆腐……1塊
- 蓮藕（中等大小）……1根
- 乾黑木耳……10g
- 熟銀杏……4顆
- 去殼蝦仁……4尾
- 薑泥或山葵泥（任選其一）……適量
- 鴨兒芹……適量
- 菊花瓣……適量
- 太白粉……2大匙

〔芡汁〕

- 葛粉（或太白粉）……1大匙
- 高湯（鰹魚和昆布煮出的高湯）……500cc
- 淡醬油……1大匙
- 味醂……1大匙
- 酒……1大匙

Ⓐ

- 沙拉油……適量

做法

1. 木棉豆腐壓上重物，以去除水分。
2. 將乾黑木耳在溫水中浸泡15分鐘以上，切成細絲。
3. 將蓮藕去皮磨成泥，放進篩子中，輕輕瀝去多餘水分（不要瀝太乾）。
4. 將1.、3.、太白粉放入調理盆，充分拌勻。將麵團分成四份，在每一份的中心放入2.、熟銀杏和去殼蝦仁，揉成蓮藕饅頭。
5. 在炸鍋中倒入沙拉油，加熱至160℃之後，將4.放入炸6～7分鐘，炸至金黃色後取出，瀝去多餘油分。
6. 製作芡汁。在小鍋中倒入Ⓐ煮沸，加入已調勻的葛粉水快速攪拌。一旦變稠，即可關火，將芡汁倒入裝有5.的容器中。
7. 在饅頭正中央放一些薑泥或芥末泥，假如有鴨兒芹或菊花瓣，也可以放上裝飾即完成。

・豆腐請務必使用木棉豆腐。此外，在加入芡汁之前可以先嘗嘗看味道，假如覺得口味太淡，可以適度添加調味料來進行調整。

柚香醬燒雞肉

鶏肉のゆずジャム焼き

在京都，人們常會在烹飪或甜點中使用柚子。每到十一月，許多店家門前會擺滿柚子，也時常能聽到「今年也有自製柚子醋！」的招呼聲。釀造柚子醋時剩下的大量柚子皮，則製成用於肉類料理的果醬。這麼做除了帶來甜味與香氣，也能增添食物光澤度，輕鬆點綴美味佳餚。

材料（2～3人份）

・雞肉（雞翅、雞翅根等部位共計）……6根
・柚子醬……適量

Ⓐ
・薑泥……1小塊份
・醬油……100cc
・酒……100cc

做法

1. 混合Ⓐ製作醃料。
2. 將雞肉與1.放進保鮮袋中，密封後放入冰箱冷藏醃漬一晚。
3. 將2.放進預熱到250℃的烤箱中，烤約15分鐘。
4. 從烤箱中取出雞肉，塗上柚子醬，再以200℃烤5分鐘左右，直到雞皮表面呈現金黃焦脆即可。

柚子醬做法

將五顆份的柚子皮切成約10公分長的細絲，浸泡在水中（多次換水，以去除苦味）。將瀝乾的柚子皮和200g白糖放入鍋中，用小火煮至柚子皮呈現半透明狀。當水分減少且慢慢變稠時，加入80cc的柚子汁，繼續熬煮至個人喜歡的濃度。

・由於柚子醬的甜度會倍增，建議醃料只需使用簡單的醬油、酒和薑泥即可。

咖哩吻仔魚萬願寺唐辛子

万願寺とうがらしのカレーじゃこのせ

以夏季京野菜聞名的萬願寺唐辛子（又譯萬願寺甜辣椒），最典型的吃法是在烤過後，灑上柴魚片等配料做成小菜。加點炒得酥脆的吻仔魚和咖哩粉，就能做出與平常不同的風味，絕對能討孩子們歡心。選用伏見唐辛子或獅子唐辛子，也能做出相同的美味。

材料（3人份）

- 萬願寺唐辛子……10根
- 吻仔魚乾……10g
- 咖哩粉……1小匙
- 鹽……適量
- 沙拉油……2小匙

做法

1. 為了避免烤到爆裂開來，輕輕在每根唐辛子上劃上一刀。
2. 放進烤盤或烤箱中，將1.烤熟。
3. 以中火燒熱平底鍋，倒入沙拉油炒香吻仔魚。
4. 當吻仔魚變得酥脆時，加入咖哩粉和鹽拌勻，然後關火。
5. 將2.盛入容器中，在頂部放上4.即完成。

・要小心別讓吻仔魚焦掉，反覆翻炒到變得酥脆爲止。

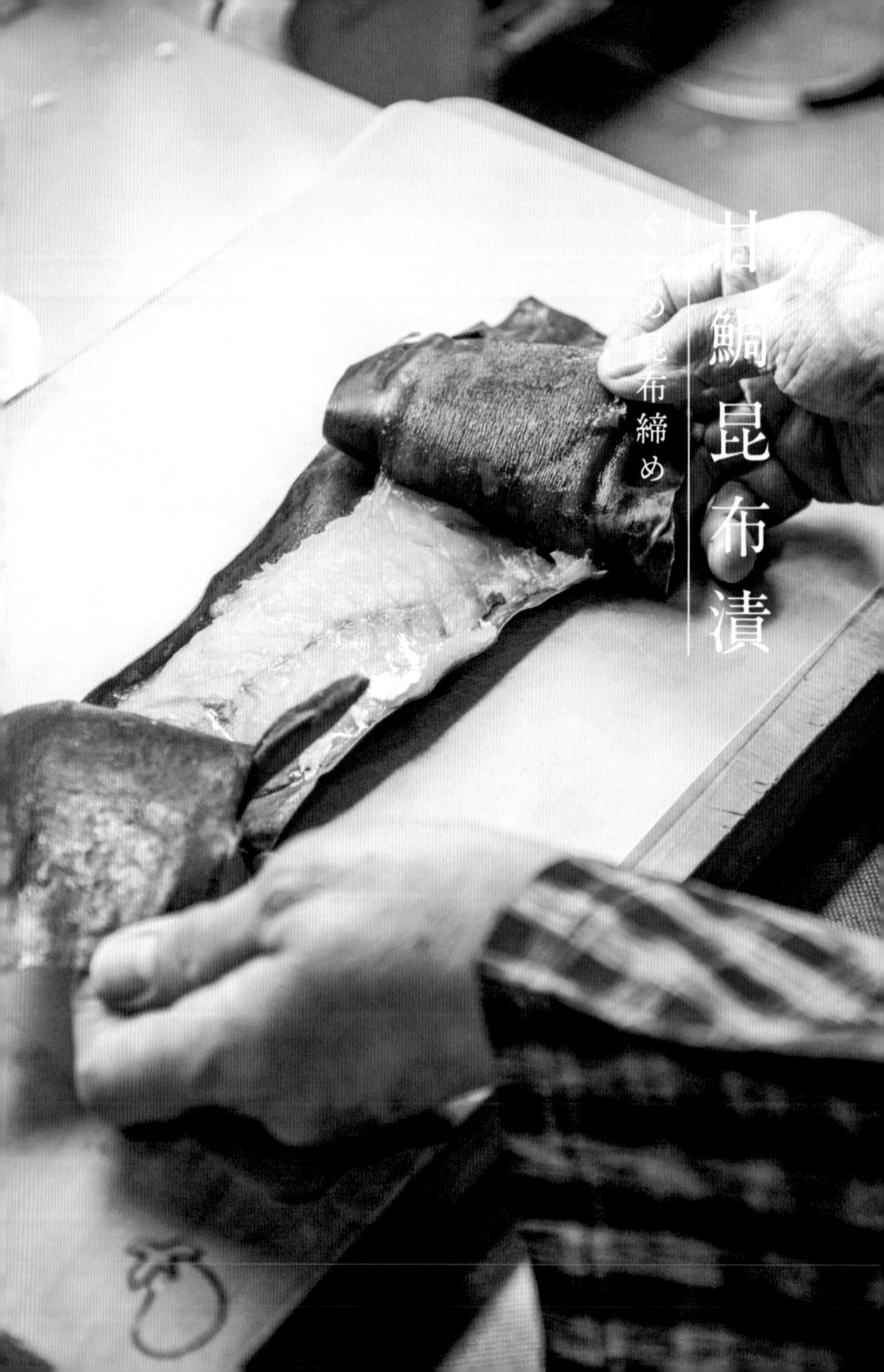

甘鯛昆布漬

ぐじの昆布締め

在京都，甘鯛稱作「Gu Ji（ぐじ）」，是一種宴客會席上不可或缺的高級魚類。由於這道甘鯛料理結合了昆布的鮮美與鹹味，簡單淋上柚子汁即美味十足。

材料（3人份）

- 甘鯛……半隻
- 昆布（熬高湯用的昆布）……適量
- 柚子或酢橘……適量
- 青紫蘇葉……適量
- 紫蘇穗……適量

做法

1. 除去甘鯛的皮，切成整條生魚片。
2. 用昆布夾住1.，以保鮮膜包緊，放入冰箱冷藏1個小時以上（如果魚肉較大片，則需要3小時以上）。
3. 從昆布中取出生魚片，切成喜歡的厚度後盛盤，搭配切好的柚子或酢橘、青紫蘇葉和紫蘇穗即完成。

- 選用鯛魚或比目魚等白身魚來製作也相當美味。

九條蔥御好燒

九条ねぎのお好み焼き

京都的冬季冷透骨隨，因此當地栽種的九條蔥兼具甜度與黏性。而使用大量九條蔥煎出的御好燒，更是風味獨具。若加上以牛筋和蒟蒻燉成的「牛筋燉蒟蒻」，甜甜鹹鹹的滋味會讓口感更加豐富。請依個人喜好加入配料，煎出鬆軟厚實的御好燒吧。

材料（約直徑12公分兩份）

- 牛筋燉蒟蒻（煮熟的牛筋肉與炒過的蒟蒻，加入砂糖、醬油、酒、薑一起燉煮成甜鹹口味的小菜）……約100g
- 九條蔥……2根
- 紅薑絲、沙拉油、天婦羅花、醬汁、柴魚片……各適量

Ⓐ

- 御好燒粉（市售）……100g
- 雞蛋……1顆
- 水……100cc

做法

1. 將九條蔥切成約1～2公分的長度。

2. 在調理盆中混合Ⓐ，製作成御好燒的麵糊。
3. 在2.中加入1.、牛筋燉蒟蒻和紅薑絲，攪拌均勻。
4. 在中火預熱的平底鍋中倒入沙拉油，倒入3.的一半。煎至底部變色時，撒上天婦羅花，再翻面煎到兩面呈現金黃焦脆，用同樣手法製作另一片御好燒。
5. 盛盤，淋上醬汁、撒上柴魚片即完成。

・可以使用市售的醬汁，並混和適量的醬油和蘋果醋，口味會變得較清爽，更能凸顯九條蔥的甜味。

碾茶香鬆

碾茶のふりかけ

在茶鄉宇治，當地人從小開始，茶就是生活中的一部分，甚至在學校的營養午餐也會出現「茶飯」。用石臼磨過就會成為抹茶的碾茶，特徵是較不苦澀，茶韻回甘。不僅可以泡來飲用，也適合用於料理，增添香氣和風味。

材料（容易製作的分量）

- 碾茶……2大匙
- 炒芝麻……1小匙
- 鹽……1大匙（製作烤鹽，約使用1小匙）

Ⓐ
- 御好燒粉（市售）……100g
- 雞蛋……1顆
- 水……100cc

做法

1. 在耐熱容器中將鹽鋪平，使用微波爐（600W）加熱40秒，製作烤鹽。
2. 用手指揉碎碾茶，加入1.的烤鹽約1小匙，與炒芝麻拌勻後即完成。可以將香鬆裹在飯團上直接享用。

・最好不要事先做好，盡量現做現吃，色澤和香氣都會更爲鮮明美味。使用的鹽最好是不帶特殊氣味的海鹽。

壬生菜酸菜炒飯

壬生菜の古漬けのチャーハン

壬生菜常被用來製作成漬物。經過長時間醃漬變酸的壬生菜，加入油拌炒可以使酸味變得柔和，做成的炒飯也會更美味。材料中的豬五花，也可以用蝦米或吻仔魚乾來代替。

材料（3人份）

- 冷飯……約3碗
- 薄切豬五花……100g
- 壬生菜漬物（切碎）……5大匙
- 薑……1小塊
- 鹽……適量
- 醬油……適量

做法

1. 豬五花切成約1公分寬度的條狀。
2. 用較弱的中火加熱平底鍋，放入1.，撒上一撮鹽慢煎。
3. 當豬肉逼出油脂、變得焦脆時，加入剁碎的薑輕輕拌炒。
4. 炒出薑味後，加入冷飯，用中火～大火翻炒，之後加入已切碎並瀝乾水分的壬生菜漬物，快速拌炒。
5. 試過味道之後加入適量的鹽調味，最後淋上一點醬油即完成。

・由於漬物已經有鹹味，請不要在一開始加入過多的鹽。在5.試過味道之後，再加入適量的鹽調味即可。

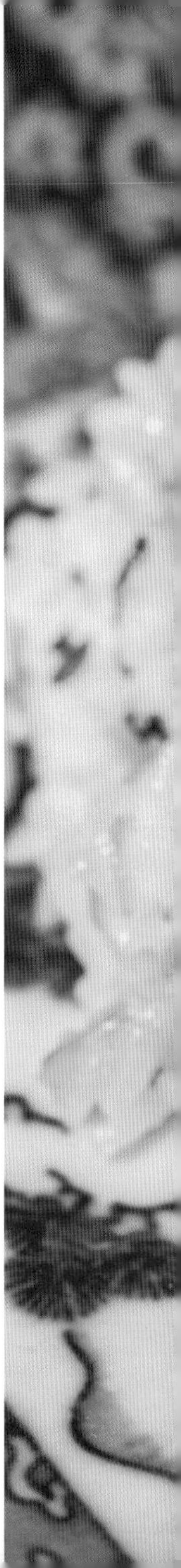

海老芋天婦羅

海老いもの天ぷら

海老芋的個頭比傳統小芋頭大了一圈，有些甚至可達成人拳頭般大小。產季在十一月～一月間，在京都，海老芋經常用於在節慶料理。若是用煮的方式，會化為綿密的口感。把關東煮等燉煮類料理中的海老芋放到隔天再[illegible]作成天婦

材料（2～3人份）

- 海老芋（大）……1顆
- 天婦羅炸粉（市售）……適量
- 米粉……約天婦羅炸粉的1／5量
- 麵粉……適量
- 米糠……約1／2杯
- 水……適量

Ⓐ

- 高湯……500cc
- 砂糖……1大匙
- 淡醬油、味醂……各30cc
- 酒……1／2小匙

- 沙拉油……適量

做法

1. 將海老芋去皮，放進加入米糠的滾水中煮約5分鐘（若是沒有米糠，也可以倒入一些洗米水來代替）。
2. 將海老芋上的米糠徹底洗淨，切成1.5公分的厚度。
3. 將Ⓐ倒入鍋中煮沸。轉小火後，加入2.煮熟。當海老芋柔軟到可用竹籤輕鬆刺進去，即可關火取出，靜置冷卻。
4. 均勻混合天婦羅炸粉和米粉，用水溶解製作麵糊。
5. 拭乾海老芋上殘留的水分，輕輕拍上麵粉。
6. 將沙拉油預熱到170℃，炸至5.變色即完成。

・在6.中，由於海老芋已煮熟，所以不用擔心裡面沒熟透。製作麵糊時，天婦羅粉中加入一些米粉，可以炸得更酥脆。

黑豆佃煮

黒豆のまめ煮

儘管黑豆給人一種節慶料理的印象，但和根菜一起以適度甜度熬煮，也能變成一道家常菜。有些家庭一年到頭都會出現這道菜，因為黑豆有「盡全力工作到全身黝黑」的這層含義。透過燉煮方式來調整出自己喜歡的口味，既是常備菜，也很適合當作日常餐桌上的解膩小菜。

材料（容易製作的分量）

- 黑豆……250g
- 蓮藕……1／2根
- 紅蘿蔔（較小的）……1根
- 牛蒡（較細的）……1根

Ⓐ

- 砂糖……50g
- 鹽……1／2小匙
- 醬油……30cc
- 水……500cc

做法

1. 在鍋中倒入Ⓐ煮沸。關火後，等待冷卻至50～60℃，再加入洗淨的黑豆，醃漬半天（室溫下靜置即可）。
2. 將蓮藕去皮切成骰子狀，牛蒡橫切成約1公分厚的片狀，小紅蘿蔔切片後，十字對切成四等分（蓮藕、牛蒡、小紅蘿蔔都切成和黑豆差不多的大小）。
3. 在鍋中加水煮沸，將2.快速汆燙後撈起瀝乾。
4. 將3.倒入1.中，用小火煮至黑豆變軟即可。

・這道料理若能一次製作較多分量，成品會更美味。

由於京田邊市和綴喜郡距離大阪和奈良也很近，自古即為交通樞紐，各地人文薈萃和。四周環繞著壯麗的生駒山和木津川，自然景觀極為豐富。氣候相較下比較溫和，晴天居多，降雨較少，相當適合栽種茶葉。

另一方面，京田邊市肥沃土壤產出的「京都田邊茄子」亦為當地知名特產，這種茄子的肉質柔軟，適用於各種料理。此外，說到京田邊的名人，就不能不提到「一休和尚」。市內有一休宗純禪師安度晚年的酬恩庵（一休寺），至今仍持續生產知名的「一休寺納豆」。

茄子田樂燒

なす田楽

在京田邊市栽培的茄子是名為「千兩二號」的品種，最大特徵是色澤鮮艷、茄肉水嫩多汁。即使加熱烹調也不易煮散，非常適合燉菜或須保持原形的田樂料理。除了味噌醬之外，也可用柚子醋或醬油來調味。

材料（4人份）

- 茄子……4根
- 味噌醬……4大匙（味噌醬的製作方式請參考P86）
- 沙拉油……2大匙

做法

1. 將茄子縱切對半，並從表皮入刀，輕輕斜切出格紋。
2. 在平底鍋中倒入沙拉油，從茄肉那面開始煎。
3. 當2.煎成金黃色時，再翻過來煎表皮那面，直到熟透。
4. 將3.盛盤，塗上適量味噌醬就完成了。

茄子鯡魚燉菜

なすとにしんの炊いたん

京都夏日炎炎，自古以來，就有吃鯡魚能消除夏日疲勞的說法。而這道結合了當令夏茄和鯡魚的經典家常菜，關鍵在於選用除去內臟後日曬製成的鯡魚乾。先將鯡魚浸泡在洗米水中，即可去除腥味，再用番茶燙煮，肉質會變得更加軟嫩。

材料（4人份）

- 鯡魚乾……3條
- 茄子……4根
- 番茶茶葉……適量
- 味醂……2大匙
- 洗米水……足夠浸泡鯡魚的量

Ⓐ

- 醬油……4大匙
- 砂糖……2大匙
- 酒……2大匙
- 水……2.5杯

做法

1. 洗淨鯡魚乾，浸泡在洗米水中約4～5小時。
2. 取出鯡魚乾，用番茶煮約30分鐘，然後用水沖洗鯡魚表面。
3. 將茄子縱切對半，並從表皮入刀，輕輕斜切出格紋。
4. 把2.縱切對半，與Ⓐ一起放入鍋中燉煮。
5. 等到鯡魚入味後，加入味醂和茄子，再用中火煮約20分鐘即完成。

涼拌茄子

なすのおひたし

京田邊市的特產，是以當季茄子為主要食材的夏日佳餚。即使偶爾食慾不振，加入微辣的薑泥拌著茄子吃，不僅特別下飯，也非常適合當作下酒菜。用山椒取代薑泥也十分美味。

材料（4人份）

- 茄子……4根
- 白芝麻……3大匙
- 薑泥……20g
- 濃醬油……2大匙

做法

1. 將茄子縱切對半，再切成1公分寬的條狀。
2. 把1.浸泡在水中，去除澀味。輕輕擠壓，瀝乾茄子上的水分。
3. 把茄子放入容器，蒸大約10分鐘使其變軟。
4. 將3.的茄子取出，待冷卻後，除去多餘水分。
5. 加入磨碎的白芝麻、薑泥與醬油，與4.充分拌勻即可。

花壽司

華ずし

材料（4人份）

・醋飯……300g
・炸豆皮……1片
（一般市售炸豆皮約2片）
・紅蘿蔔……1根
・鴨兒芹……4～5根
・玉子燒……1／2根
・烤海苔……1片
・炒芝麻……2大匙
・乾香菇……1朵
・干瓢……約18公分

Ⓐ

・高湯（泡發乾香菇的水）
（※從步驟1.可取得）……2杯
・砂糖……2大匙
・醬油……1大匙
・味醂……2大匙

Ⓑ

・高湯……1杯
・砂糖……2大匙
・醬油……1大匙
・味醂……2大匙

Ⓒ

・砂糖……4大匙
・醬油……3大匙
・味醂……1大匙
・酒……2大匙

醋飯中包裹著玉子燒、紅蘿蔔、鴨兒芹等豐富餡料的壽司捲，切面色彩亮眼，是一道深受孩子們喜愛的美食。炸豆皮和芝麻香氣撲鼻，令人食指大動。在捲壽司的時候要用力按壓，以防止芝麻掉落。

做法

1. 將乾香菇浸泡在400cc的水中3～4小時。稍微拭去水分，切掉菇柄，用Ⓐ煮至湯汁收乾。
2. 用水打濕干瓢，以鹽均勻搓揉。沖洗掉鹽之後，再用水浸泡一會兒。
3. 取出2.放入鍋中，煮2～3分鐘之後，立即泡入冷水冷卻。之後用Ⓑ煮至變軟。
4. 炸豆皮先汆燙去油，用Ⓒ煮成甜鹹口味。待涼後，將其切成一個正方形，保留一邊完整，另外三邊則切小口以便打開。
5. 紅蘿蔔切成1公分×18公分的長條形棒狀，用3.和4.剩下的湯汁煮熟。汆燙好鴨兒芹，玉子燒切成一半備用。
6. 在捲簾上鋪上烤海苔，將醋飯平均鋪至海苔的邊角，然後在上面撒上炒過的芝麻。
7. 鋪一層保鮮膜在6.上面，為避免芝麻掉落，用手按著，迅速將海苔那面翻轉到正面。
8. 在海苔上鋪上4.，然後依序放上1.、3.、5.等食材。
9. 從一邊開始捲起壽司，注意不要捲入保鮮膜。捲好之後，將捲簾開口向下壓住，靜置30分鐘左右。
10. 將壽司取出，直接包著保鮮膜切成8等分，取下保鮮膜後即可盛盤上桌。

・在汆燙炸豆皮之前，可用研磨杵在上面滾動一下，就能更容易攤開。

散壽司

ちらしずし

在女兒節或地方祭典等多人聚集的場合，散壽司是必不可少的料理。醋飯上的每一樣配料，都需要經過細心的處理才能入味，雖然費時費力，但完成之後的賣相可說是格外華麗，風味也獨具層次。

材料（5人份）

- 壽司米……3杯
- 高野豆腐（無需浸泡）……2片
- 紅白魚板……2／3片
- 紅蘿蔔……1／2根
- 小黃瓜……1根
- 吻仔魚乾……30g
- 乾香菇……4片（20g）
- 紅薑絲……個人喜歡的分量

Ⓐ

- 醋……80cc
- 砂糖……70g
- 鹽……9g
- 鮮味粉……3g

Ⓑ

- 高湯……2杯
- 砂糖……2大匙
- 味醂……1大匙
- 淡醬油……1大匙
- 鹽……少量

Ⓒ

- 泡發乾香菇的水……1杯
- 醬油……1.5大匙
- 砂糖……2大匙
- 味醂……1小匙
- 酒……1.5大匙

Ⓓ

- 雞蛋……6顆
- 高湯醬油……1／2大匙
- 太白粉……少量

做法

【醋飯】

1. 洗淨壽司米並放在篩子中，放置20分鐘之後，用略少於3杯的水煮飯。
2. 將Ⓐ放入鍋中，用小火融化砂糖。一旦糖融化，就關火加入吻仔魚乾。
3. 將煮好的壽司飯放入木桶中，倒入2.，用飯勺拌勻。

【配料】

4. 用模型切出裝飾用的紅蘿蔔。將剩下的紅蘿蔔和紅白魚板切成細絲。
5. 在鍋中倒入Ⓑ，煮沸之後，放入高野豆腐，用小火煮10分鐘。
6. 將5.的高野豆腐倒進篩子裡，放涼之後切成細絲，用剩下的醬汁煮4.。
7. 將泡軟的香菇除去菇柄，切成薄片。把Ⓒ倒入鍋中，用中火加熱。沸騰後，用小火煮香菇。
8. 將小黃瓜切成薄片，加入1小匙的鹽（另外準備）輕揉醃漬。稍微擰出水分之後，加入1小匙的醋（另外準備）拌勻備用。
9. 把Ⓓ放進調理盆中攪拌均勻，在已預熱並倒入沙拉油的玉子燒鍋中，分次倒入少量的蛋液，煎成玉子燒，放涼後切成蛋絲。

【盛盤】

10. 在3.的醋飯中，放入〔配料〕中切絲的高野豆腐、紅白魚板、紅蘿蔔，用飯勺大致拌勻。
11. 將10.盛入容器中，再加上〔配料〕中的蛋絲、用模型切好的造型紅蘿蔔、香菇、小黃瓜，最後在旁放上紅薑絲裝飾即完成。

一休納豆

一休納豆

京田邊市的酬恩庵（一休寺），是室町時代以機智聞名的一休禪師安度晚年的場所。那裡出產的一休納豆，也是傳承自一休禪師，由當地居民製作的知名特產。一休納豆富含營養，是可長期保存的發酵食品。由於鹹度偏高，每次宜少量食用。

材料（容易製作的分量）

- 黃豆……1.4 kg
- 小麥……1.4 kg
- 麴……50 g
- 鹽……550 g
- 熱水……4320 cc

做法

1. 將黃豆泡水一晚。
2. 將1.的大豆放入鍋中，煮到能用手指壓碎的程度，取出冷卻。
3. 炒小麥直至變黑，冷卻後用食物調理機磨成麥粉。
4. 將麴均勻撒在3.的麥粉中，混合均勻。

- 在製作納豆時，溫度和濕度都十分重要，所以最好選在夏天的「土用」時節製作，其後靜置一年左右就會完全發酵，品嘗起來也將更加美味。

★註：「土用」（どよう）最早是指「立春、立夏、立秋及立冬」前的 18 天，不過在現在通常指「立秋前的 18 天」。

5. 混合2.和4.，放入糕點盒中，蓋上蓋子，放在室內溫暖的地方，晚上最好蓋上毛毯保溫。
6. 靜置一天一夜，當傳出發酵的氣味時，就可以打開檢查，假如發現開始出現白色的黴菌就沒有問題。如果在太潮濕的地方製作，容易發酵過頭，需要從旁搧扇子，或是找些能迅速降溫的方法。
7. 將鹽放入桶中，倒入熱水攪拌均勻。
8. 等到7.冷卻之後，將6.倒入桶中。
9. 每天早上趁著天氣涼爽時攪拌一次，使其充分接受日光照射。大約一個月之後就會乾燥到可食用的狀態。

橘子花林糖

みかんりんとう

井手町的觀光農園會將無法上市販售的橘子拿來製作成創意甜點。作法是利用整顆橘子切片乾燥後的果乾，加以調理後經過兩次油炸，便能製成酥脆可口的點心。

材料（容易製作的分量）

- 橘子果乾……12g
- 橘子汁（果汁含量100%）……35cc
- 白糖……適量
- 炸油（菜籽油）……適量

Ⓐ
- 低筋麵粉……100g
- 發糕粉……20g
- 牛奶……20cc
- 砂糖……10g
- 泡打粉……2g
- 沙拉油……少量

做法

1. 切碎橘子果乾，倒入食物調理機中打碎。
2. 將1.混合橘子汁。
3. 在調理盆中加入Ⓐ和2.，充分拌勻。
4. 把3.放進食物調理機中打成麵團。
5. 用保鮮膜包裹住4.，靜置約2小時。
6. 把5.壓平，用擀麵棍擀平之後，將麵團切成條狀。
7. 用溫度達180℃的菜籽油簡單炸一次。
8. 等7.冷卻後，再度用180～200℃的油炸第二次。
9. 炸得酥脆之後撈起，撒上白糖即完成。

味噌醬

味噌だれ

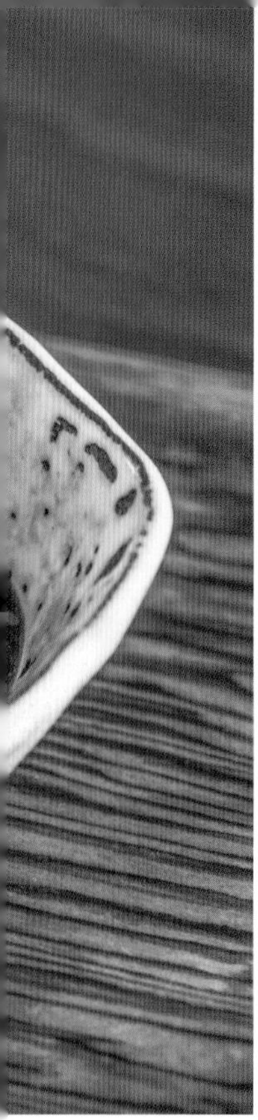

在稻作豐富的地區，有些人會用自家製的米糠來做味噌。這道手工製作的味噌醬，亦為當地的家鄉味。平常可以用來搭配蔬菜，或直接加在飯上，非常方便。在製作過程中加入碎芝麻和炒芝麻，味道會更加豐富。

材料（容易製作的分量）

- 炒芝麻……100g
- 味噌……400g
- 砂糖……300g
- 味醂……150cc
- 酒……150cc

做法

1. 在鍋中加入所有芝麻，用小火慢慢炒香。
2. 從1.中取出50g的芝麻，磨成碎粉狀。
3. 將味噌、糖、味醂和酒混合在一起，使用調理機攪拌成膏狀。
4. 將3.倒入鍋中，用中火到小火煮約20分鐘，慢慢煮乾水分。
5. 轉小火，在4.當中加入2.的碎芝麻，用勺子拌勻。
6. 關火後，再加入剩餘的50g芝麻，攪拌均勻即完成。

山菜炊飯

山菜おこわ

這是在糯米獨特的Q彈口感中，加入豐富山菜製成的糯米炊飯。為了凸顯山菜的風味，調味上力求簡單。搭配紅薑絲和南天葉來裝飾，能增添視覺上的華麗感。如果再加上代表秋之味的栗子，會讓完成的炊飯更顯豪華。

材料（5人份）

- 糯米……3杯
- 紅蘿蔔……70g
- 牛蒡……70g
- 蕨菜……70g（約10根）
- 竹筍……70g
- 季節性配料（水煮栗子、豌豆仁等）……適量
- 乾香菇……70g（中型約4朵）
- 南天葉或紅薑絲……適量

Ⓐ

- 砂糖……2小匙
- 濃醬油……1大匙
- 淡醬油……1大匙
- 酒……1.5大匙
- 日式高湯粉……1g
- 鹽……少量
- 水……35cc

Ⓑ

- 砂糖……1大匙
- 濃醬油……1.5大匙
- 酒……1.5大匙
- 鹽……少量

做法

1. 先將糯米洗淨，浸泡在水中一個晚上後，用篩子瀝乾水分。

2. 將乾香菇泡發之後切成絲，紅蘿蔔、牛蒡、蕨菜和竹筍則切成約2公分大小的塊狀。

3. 將Ⓐ倒入鍋中與2.的食材一起。當醬汁煮到剩下一半的量時，關火。

4. 將1.放入蒸籠或蒸鍋中，用大火蒸20分鐘。

5. 將4.倒入木桶中，加入3.的食材和醬汁，以及Ⓑ一同攪拌均勻。

6. 再度將5.放入蒸籠或蒸鍋中，用大火蒸20分鐘。

7. 將6.盛入容器，放上栗子、碗豆仁等季節性配料，依個人喜好裝飾南天葉或紅薑絲即可完成。

艾草餅

よもぎ団子

有著濃厚、美麗深綠色澤的艾草，只要使用新鮮剛採摘的艾草，就會更添濃郁的香氣。這股香味足以讓人喊著「再來一個！」吃到欲罷不能。假如沒有專門的模具，可以利用凹凸不平的容器來壓出草笠狀的花紋。

材料（約20個）

- 米粉……200g
- 糯米粉……50g
- 艾草……250g（煮熟前）
- 紅豆餡……300g
- 砂糖……40g
- 鹽……少量
- 熱水……200cc

做法

1. 摘取艾草的葉子，徹底清洗。
2. 在沸騰的1000cc熱水中，加入約半小匙的小蘇打粉，將艾草燙。
3. 將煮熟的艾草浸泡到冷水中，充分去除澀味。
4. 把3.放進食物調理機中打碎，並用力擰去水分。
5. 把紅豆餡分成20等分（每份15g），揉成橢圓形。
6. 混合米粉、糯米粉、砂糖和鹽，分次倒入熱水，用木勺拌勻之後，用手充分揉捏麵團。
7. 把6.分成兩份，將麵團壓扁之後放入蒸籠或蒸鍋中，用大火蒸25分鐘。
8. 把蒸好的麵團放入調理盆中，加入4.，將整個麵團均勻揉捏至變成艾草綠色。
9. 將8.分成20等分，搓成乒乓球大小的圓形。
10. 用草笠狀的模具或容器在9.壓上花紋，並壓成扁平的圓形。
11. 在10.上放入紅豆餡，折半包起，塑型之後即完成。

3章

南丹

—龜岡市—

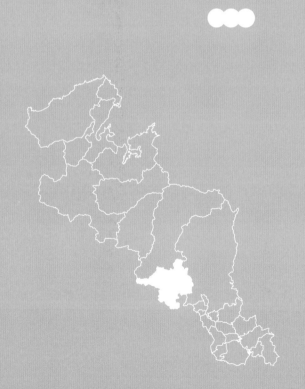

被眾山環繞的龜岡市位於龜岡盆地中央，亦為大堰川流經的自然之都，因而有「京都後花園」的美稱。從秋季到春季，盆地會出現繚繞霧氣，有時還能看見如雲海般奇幻的美景。

龜岡市歷史悠久，自奈良時代起，就有丹波國分寺和國分尼寺的鎮護，一直被視為豐饒之地。儘管如今市區內林立許多大型店家，但稍微離開市中心，便能看見在廣闊的田野上，種植了許多稻米和蔬菜。當地出產的龜岡牛，也是很受歡迎的高級和牛。

承襲著悠久歷史與豐富食材的龜岡家鄉味，至今仍未消失在當地餐桌上。

紅白醃菜

紅白なます

當地的紅白醃菜，以保存期限較長的柿乾為重點，這道冬季常備菜使用了大量的白蘿蔔和紅蘿蔔，可以同時品嘗到甜醋的酸味與柿子的甜味。紅白醃菜不僅是經典的御節料理，也常出現在日常的餐桌上。

材料（2人份）

- 白蘿蔔……約4公分長（100g）
- 紅蘿蔔……1／2根（70g）
- 柿乾……中型1個
- 砂糖……3大匙
- 醋……4大匙
- 醬油……少量
- 鹽……少量

做法

1. 將白蘿蔔和紅蘿蔔切絲，撒上鹽均勻搓揉，擰乾水分。柿乾也切成細絲備用。
2. 混合砂糖、醋和醬油（假如砂糖難以完全溶解，可稍微加熱）。
3. 將2.與1.均勻混合，盛入容器中即完成。

・柿乾不用切得太細，在最後的步驟輕輕拌勻，就能更加突顯柿子本身的甜味。

冬瓜湯

冬瓜のおつゆ

冬瓜盛產於夏季，但因為可長期保存，故也會出現在冬季的餐桌上。冬瓜非常適合搭配勾芡的湯汁，口感溫潤的調味，足以成為一道暖心的湯品。再加上一些薑泥提味，吃起來會更加清爽無負擔。在京都嚴冬中，這種溫柔味道讓身體溫暖起來。

材料（2人份）

- 冬瓜……150g
- 薑泥……2小匙
- 鴨兒芹……適量
- 太白粉……1大匙

Ⓐ

- 高湯……2杯
- 醬油……1.5大匙
- 鹽……少量

做法

1. 將冬瓜去皮，切成約5公分大小的不規則狀。
2. 把Ⓐ和1.放入鍋中加熱，煮沸後用小火煮冬瓜，直至熟透。
3. 在2.中加入薑泥。
4. 用50cc的冷水將太白粉溶解，再倒入3.中，煮沸之後即完成。盛入容器之後，可依個人喜好放些鴨兒芹做裝飾。

・為享受冬瓜最純粹的美味，建議在調味上可以偏淡。用高湯煮些雞絞肉放在冬瓜上，又是另一道美味的小菜。

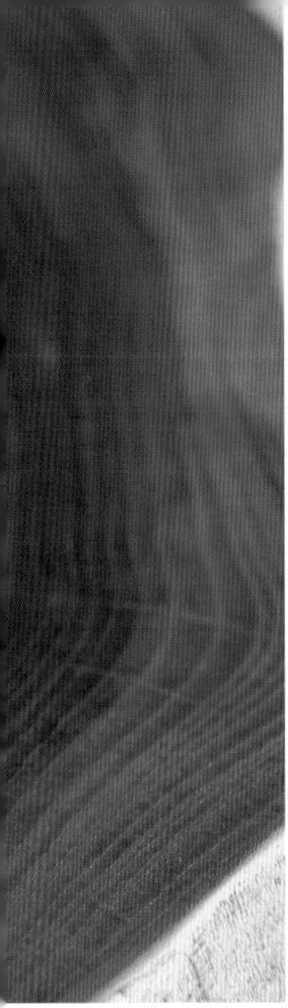

小松菜與豆皮燉菜

小松菜とお揚げの炊いたん

把當季的綠葉蔬菜煮成料理端上桌，也能成為季節更迭的象徵。小松菜和炸豆皮一起簡單烹煮，就是一道略帶苦味的小菜。這道料理不用長時間燉煮，只需要零碎時間就能完成，用汆燙的手法，同時也能保留小松菜的清脆口感。

材料（2人份）

- 炸豆皮……1片
- 小松菜……2束

Ⓐ

- 高湯……2杯
- 味醂……1大匙
- 醬油……1大匙
- 鹽……少量

做法

1. 把小松菜汆燙一下，瀝乾水分之後，切成約5公分長度，並將梗和葉分開備用。
2. 炸豆皮淋上熱水，去除多餘油分後，切成約1公分寬的長條狀。
3. 把Ⓐ放進鍋中煮沸，再放入1.的菜梗和2.，用小火煮至入味。
4. 把1.的菜葉放進3.，稍微煮一下，關火盛盤即完成。

・假如不介意小松菜的微微苦味，也可以省略1.的汆燙步驟，直接依序將梗與葉放進鍋中煮熟。

萬願寺唐辛子燉菜

万願寺とうがらしの炊いたん

萬願寺唐辛子燉菜是當地典型的夏季常備菜。許多家庭會一次做很多，放在冰箱冷藏保存。這道甜鹹風味的小菜，可襯托唐辛子的辛辣氣味。除了當作下酒菜，也是很下飯的配菜。

材料（4人份）

- 萬願寺唐辛子……800 g
- 柴魚片……5g
- 沙拉油……1大匙

Ⓐ

- 砂糖……5大匙
- 醬油……5大匙
- 酒……80 cc
- 日式顆粒高湯粉……8g

做法

1. 挖去萬願寺唐辛子的種籽，並切成易食用的大小。
2. 將沙拉油倒入鍋中，以中火加熱，倒入1.拌炒。
3. 唐辛子炒到稍微變小之後，倒入Ⓐ，維持中火繼續煮。
4. 煮到變軟時，轉為大火，將剩餘醬汁收乾，關火，加入柴魚片混合拌勻即完成。

・用吻仔魚乾代替柴魚片也很美味。請花些時間煮軟萬願寺唐辛子，並且加熱到醬汁收乾爲止。

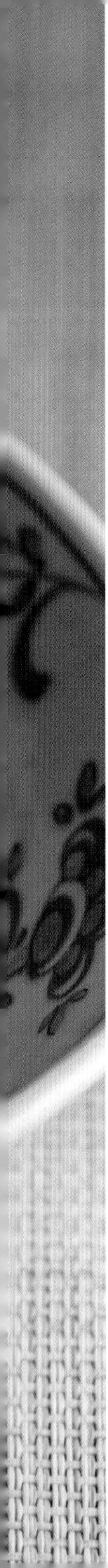

豌豆烘蛋

えんどう豆の卵とじ

這道料理大量使用了盛產於春季至初夏的豌豆。烘蛋的淺黃色和豌豆仁的清新綠色相互襯托，為餐桌增色了不少。鬆軟的豌豆仁和雞蛋的微甜氣味，是特別受孩子們歡迎的組合。

材料（2人份）

- 雞蛋……4顆
- 豌豆仁……100g
- 砂糖……4大匙
- 醬油……1小匙
- 日式高湯粉……4g

做法

1. 將豌豆仁放入鍋中，並加入足以淹過食材的水，煮至沸騰。
2. 在1.中加入砂糖、醬油和高湯粉，繼續煮到豌豆仁變軟。
3. 在2.中加入打散的蛋液，混合均勻，蓋上鍋蓋，用小火加熱至凝固。最後依個人喜好，切成適當的大小，盛入容器即完成。

• 用高湯煮豌豆仁時，要煮到豌豆仁充分入味，之後加入蛋液煮到凝固時，才能真正凸顯豌豆的鮮甜口感。

鳥蛤壽司

とり貝ずし

在八月十四日舉辦的「佐伯燈籠祭」中，人們常會吃此壽司。當地人將飯比喻為男性，鳥蛤比喻為女性，象徵著夫妻和睦，亦有祈求子孫繁榮和五穀豐收的意涵。肉質鮮甜的鳥蛤與醋飯的酸味相得益彰，是一道容易入口的夏季美味。

材料（16個份）

- 米……2杯
- 鳥蛤乾……16個
- 炒黑芝麻……適量

Ⓐ

- 砂糖……80g
- 醬油……4大匙
- 味醂……少量

Ⓑ

- 昆布茶……少量
- 醋……4大匙
- 砂糖……4大匙
- 鹽……少量

做法

1. 將鳥蛤輕輕用水沖洗後，放入煮沸的水中煮至變軟。
2. 將Ⓐ和1.放入鍋中，用小火煮至入味。待稍微冷卻後，在鳥蛤的中央輕輕切一刀。
3. 煮飯，將混合好的Ⓑ和飯拌勻，靜置冷卻。
4. 將3.輕輕捏成一口大小的圓錐形。
5. 將2.的鳥蛤逐一放在醋飯上。
6. 撒上黑芝麻即完成。

・將醋飯的頂端卡在鳥蛤的切口上，比較容易固定。另外，要確保鳥蛤在2.已充分入味。

雞肉壽喜燒

かしわのすき焼き

在鐵鍋中加入土雞肉、龜岡產的洋蔥等多樣食材，再用醬油、糖等來調味，悶煮成甜甜鹹鹹的「雞肉壽喜燒」。全家人聚在一起，熱鬧地圍爐用餐，這樣的快樂時光令人格外珍惜。假如最後吃不完，也可以加入白飯或烏龍麵充分吸收湯汁，又成了另一種美味和樂趣。

材料（4人份）

- 土雞肉……400g
- 豆腐……1／2塊
- 洋蔥……2顆
- 白蔥……2根
- 壽喜燒烤麩……20g
- 蒟蒻絲……1包
- 雞蛋……4顆（依個人喜好）

Ⓐ
- 醬油……150cc
- 酒……50cc
- 糖……100g
- 水……100cc

- 沙拉油……3大匙

做法

1. 將土雞肉和豆腐切成易食用的大小，洋蔥縱切成花瓣狀，白蔥斜切成段。蒟蒻絲煮熟備用。用水泡發壽喜燒烤麩，擠出水分。
2. 在鍋中加入沙拉油，用大火加熱，先炒土雞肉。當雞肉表面呈現金黃色之後，加入1.的其他食材和Ⓐ一起煮沸，食材都煮熟之後即完成。可以沾蛋液享用。

・如果土雞帶有些許肥肉，可以用雞肉本身的油代替沙拉油，更能完整品嘗土雞肉的風味。

編織草笠團子

編み笠団子

這種團子使用木板模具，在糯米糰上壓上編織草笠的花紋，再夾入餡料。在春季的彼岸祭，人們會摘下艾草的嫩芽，製作這種團子來供奉祖先。這種木板模具代代相傳，每家的模板圖案也各有不同。照片中的是麻葉紋，據說其中蘊含了希望孩子健康成長的祈願。

材料（10個份）

- 米粉……300g
- 糯米粉……200g
- 艾草（葉子部分）……約20g
- 紅豆餡……350g
- 黃豆粉……適量
- 熱水……200cc以上（視麵團硬度來做調整）

做法

1. 在調理盆中混合米粉和糯米粉，分2～3次加入熱水，持續揉捏到麵團變成近似耳垂的軟度。
2. 將1.分成適當的大小（4～5等分），放入蒸籠或蒸鍋，蒸約20分鐘。
3. 艾草汆燙過之後切碎，用研磨鉢磨成泥狀備用。
4. 將2.和3.放入麻糬機中，攪拌到變成均勻的綠色。
5. 取4.每個約50g搓成球狀，用模具壓成扁平的橢圓形。
6. 將5.翻面，放入紅豆餡後對折包成團子，撒上適量黃豆粉即完成。

・在用木板模具壓麵團之前，可以先用水沾濕，壓好之後會比較容易分離。

小芋頭柚子味噌田樂燒

小いものゆず味噌田楽

選用能一口吃下的小芋頭，將之蒸得鬆軟順口，再淋上大量柚子味噌，做成田樂燒風味。初冬時節，當庭園的柚子樹結實纍纍，就等於到了製作柚子味噌的時節。建議一次可以多做一些，放進冰箱冷藏備用，平常準備料理時會格外方便。

材料（2人份）

・小芋頭……約10顆

柚子味噌（容易製作的分量）

Ⓐ

・柚子……3顆
・白味噌……1kg
・砂糖……650g
・酒……50cc

做法

1. 小芋頭帶皮蒸約20分鐘。
2. 把Ⓐ的柚子皮磨成泥，並擠出3顆份的柚子汁。
3. 把白味噌、砂糖、酒和2.全部放入鍋中，用小火煮15～20分鐘。
4. 將1.盛盤，適量淋上3.的柚子味噌即完成。

・柚子味噌建議多淋一點。此外，製作好的柚子味噌也可以搭配其他食材，例如風呂吹蘿蔔、茄子、五平餅等。

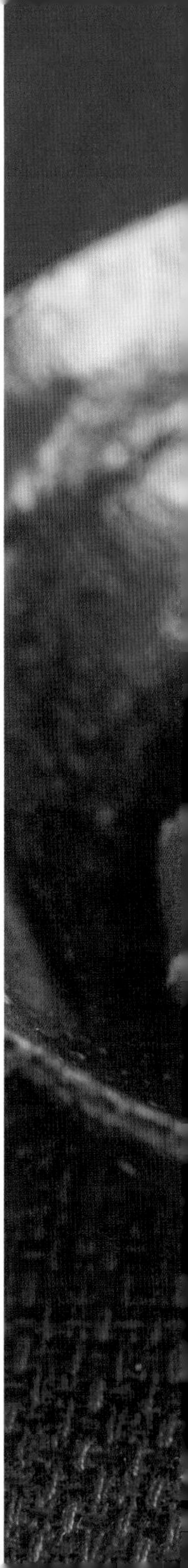

納豆餅

納豆もち

包裹著納豆餡的年糕，是京都市京北區和南丹市自古便食用的小點，有些家庭甚至會使用自製的納豆。納豆餅通常會在新年或喜慶場合出現，令當地人的腦中忍不住浮現全家圍坐在一起、嘴裡塞滿小點，大快朵頤的畫面。

材料（2人份）

- 年糕塊……2個
- 納豆……50g
- 鹽……少量
- 黃豆粉……適量

做法

1. 用烤箱稍微烤一下年糕。
2. 等到年糕變軟，放在撒了黃豆粉的調理盤上，用手拍打拉長。
3. 在納豆中加入少許鹽，攪拌均勻。
4. 把3.放在2.上，對折包起，再依個人喜好撒上黃豆粉即完成。

- 只需用烤箱加熱一下下，請趁年糕變軟時完成塑形。

涼拌菠菜與紅蘿蔔葉

ほうれん草とにんじんの間引き菜の和え物

在紅蘿蔔收穫季來臨前，不妨利用間拔（又稱「疏苗」）時期不要的紅蘿蔔葉來做一道涼拌菜吧。微微的苦味與芝麻混合之後，獨特的滋味令人上癮。假如是帶葉的紅蘿蔔，可以一起入菜涼拌。菠菜的鮮明翠綠，是這個季節獨有的色彩。

材料（2人份）

- 菠菜……1束
- 紅蘿蔔葉……少量
- 砂糖……少量
- 醬油……3大匙
- 碎芝麻……3大匙

做法

1. 汆燙菠菜和紅蘿蔔葉之後，切成約2公分長度。
2. 在調理盆中放入砂糖、醬油和碎芝麻，攪拌均勻。
3. 拭乾1.的水分，放入2.中拌勻即完成。

・菠菜和紅蘿蔔葉的質地較柔軟，因此汆燙的時間不需太長。確實擦乾水分後再拌勻，會更容易入味。

4 章 中丹

—福知山市／綾部市／舞鶴市—

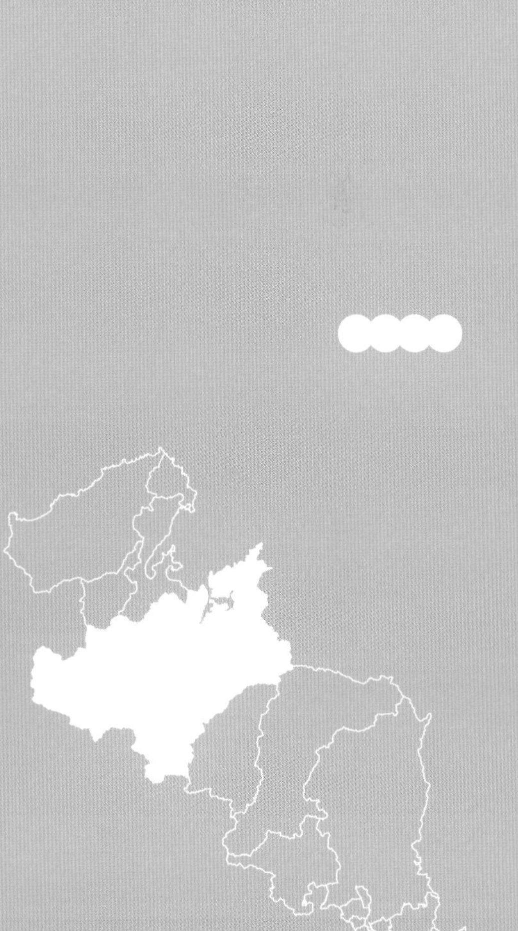

福知山市是由日本戰國時代知名武將——明智光秀，以福知山城為中心而建，因而繁榮發展的城下町。再加上貫穿其中的由良川及山陰道，自古即為水陸交通樞紐，亦是北近畿地區歷史悠久的商業據點。如今，經過重建的福知山城天守仍見證著這座城市的發展。

本地除了繁盛的商業活動，農業也十分發達，不僅有稻米和蔬菜，也盛產果樹。其中以特產丹波栗為原料的甜點，特別受歡迎。此外，福知山也以大江山的酒吞童子傳說聞名，近年受到鬼怪熱潮的影響，相當受到關注。

巻繊

けんち

在福知山地區，放滿根菜的湯被稱作「卷纖湯」。這道湯品除了蔬菜之外，還加入了豆腐、炸豆皮、竹輪等多種豐富食材，飽足感十足。每種食材釋放出的濃郁美味，交織成一道溫暖人心的和諧旋律，滋潤著身體。

材料（4人份）

- 竹輪……1根
- 炸豆皮……1／2片
- 豆腐……1／2塊
- 白蘿蔔……約6公分長（150g）
- 紅蘿蔔……約3公分長（30g）
- 牛蒡……約7公分（30g）
- 蒟蒻……1／3塊
- 小芋頭……2顆（90g）
- 青蔥……少量

Ⓐ

- 高湯……3.5杯
- 醬油……2大匙
- 味醂……2大匙
- 酒……1大匙
- 沙拉油……2.5小匙（10g）

做法

1. 白蘿蔔切成長條狀，紅蘿蔔切片後十字對切成扇形，竹輪橫切成輪狀。
2. 牛蒡去皮後斜切成片，浸泡在水中去除澀味。
3. 炸豆皮用熱水汆燙後，切成長條狀。
4. 蒟蒻燙熟之後，切成長條片狀。
5. 小芋頭去皮之後用鹽搓揉洗淨，稍微燙熟。
6. 豆腐切成一口大小。
7. 熱鍋中倒入沙拉油，將6.的豆腐（約2／3）炒至略帶金黃色之後，加入1.～5.所有食材，炒至軟化。
8. 在7.中倒入Ⓐ燉煮，並加入剩下的豆腐（約1／3），煮熟後盛入碗中，點綴上青蔥即完成。

・分次加入豆腐，可爲食材的口感帶來更多變化。

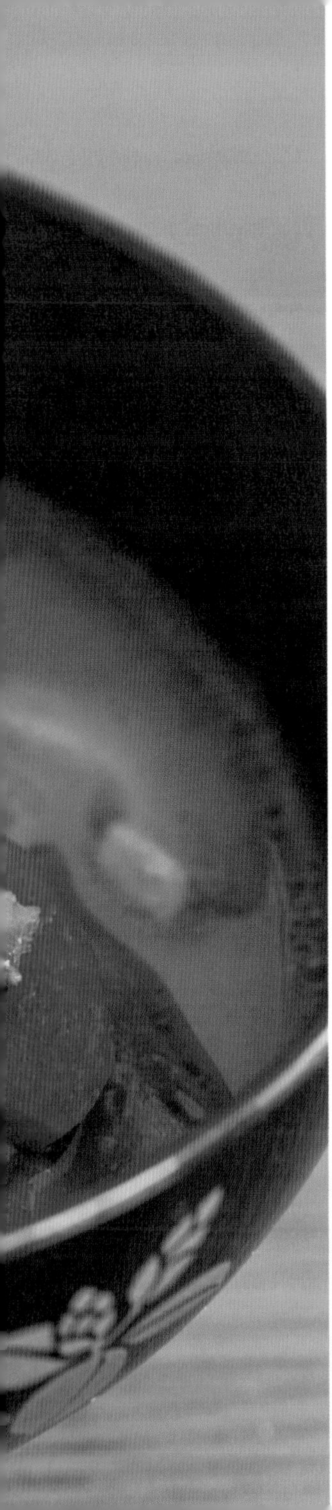

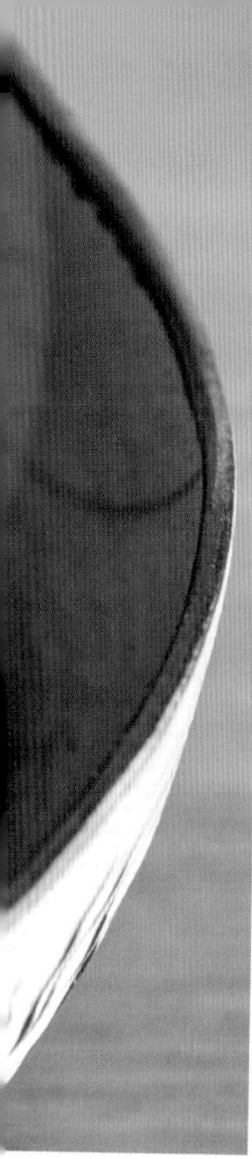

栗子澀皮煮

栗の渋皮煮

「栗子澀皮煮」是福知山市的特產，當地採收的「丹波栗」傳承自平安時代，特色是厚實、大粒，帶有濃郁的香味。栗子本身鬆軟清甜，雖然需要多花些時間和功夫來處理，但風味獨特的澀皮煮擁有絕佳的口感，美味倍增。

材料（容易製作的份量）

- 栗子……1kg（約20～30顆）
- 番茶茶葉……2小把（煮兩次的份）
- 小蘇打粉……2大匙（煮兩次的份）
- 砂糖……300g

做法

1. 將栗子浸泡在水中一個晚上，使其軟化，之後輕輕剝開外殼，避免損傷澀皮。
2. 將1.放進鍋中，加入約1300cc的水、1大匙小蘇打粉和1小把番茶茶葉，沸騰後轉小火煮約10分鐘。
3. 倒掉2.的水，跟2.一樣加入約1300cc的水、1大匙小蘇打粉和1小把番茶茶葉，再次用小火煮約10分鐘。
4. 關掉3.的火，別把水倒掉，分次加入一些冷水，讓栗子慢慢冷卻下來。
5. 小心地將栗子取出，去除澀皮上的殘筋等粗纖維。把栗子和足夠的水

放入鍋中，煮滾後再轉小火煮約10分鐘。

6. 關火靜置，讓鍋中的熱水自然冷卻。

7. 徹底冷卻後，倒掉鍋中的水，將栗子泡在冷水中以去除澀味，直到水變清即可。

8. 在鍋中加入泡過的栗子、足以淹過栗子的水、砂糖，煮沸後再轉小火，煮約10分鐘。

9. 關火，放置一晚後，隔天要食用前再用小火加熱即可。

- 上桌前，加入少量醬油可增添濃醇風味，加入白蘭地則可增添香氣。煮栗子和倒掉鍋中的水時要小心，以免損傷栗子和澀皮。

黑豆汁

黒豆ジュース

此飲品是為了不浪費煮黑豆時剩下的湯汁而生，乃農家代代相傳的食譜。這種漂亮的紫紅色果汁，深受孩子們喜愛。可將製成的濃縮原液用水稀釋4～5倍後飲用。如能用蘇打水或牛奶稀釋，就可以品嘗到截然不同的風味。

材料（容易製作的份量）

- 黑豆……1杯（150g）
- 白糖（砂糖也可以）……150～250g（依個人口味調整）
- 檸檬酸……2～3小匙
- 水……5杯

做法

1. 充分洗淨黑豆，加水煮20分鐘左右。
2. 將黑豆與湯汁分離。
3. 在湯汁中倒入白糖，攪拌至完全溶解。稍微冷卻之後加入檸檬酸即完成。

- 假如沒有檸檬酸，也可以用醋（約100cc）代替。

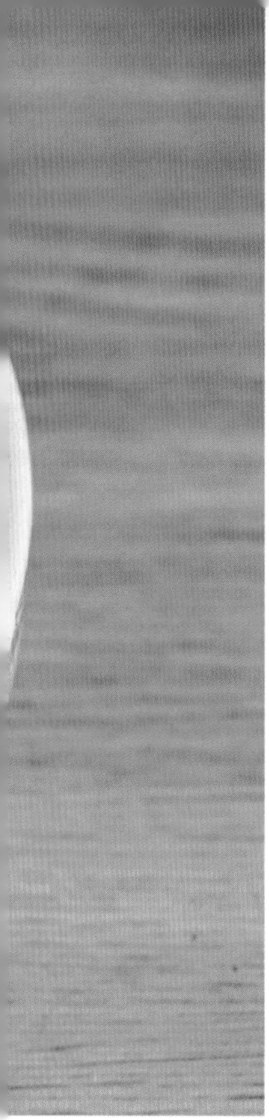

海老芋鱈魚燉菜

海老いもとたらの炊き合わせ

以環狀條紋和彎曲如蝦形狀為特色的海老芋，是京都冬季令人喜愛的食材之一。其質地細膩而不易煮爛，非常適合做成燉菜。與鱈魚乾一起煮成的「芋鱈」相當有名，但跟魚片一起烹煮，亦能相互襯托出食材的美味。

材料（4人份）

- 鱈魚切片（生）……4片
- 海老芋……8個
- 高湯……8杯

Ⓐ

- 濃醬油……40cc
- 淡醬油……40cc
- 味醂……1／4杯
- 砂糖……3大匙

做法

1. 將鱈魚切片放入沸水中迅速汆燙一下，去除腥味。
2. 海老芋仔細削去厚皮，先煮熟。
3. 將2.放入鍋中，加入高湯煮至變軟。
4. 再加入1.和Ⓐ，煮至食材入味即可。

・假如當季沒有出產海老芋，用小芋頭來代替也很美味。

唐辛子葉佃煮

とうがらしの葉の佃煮

將鮮綠的唐辛子葉做成佃煮，辛辣的口感令人欲罷不能，是屬於大人的味道，也很適合當作解膩的小菜。這道料理在京都市也很常見，被稱作「木胡椒」。有時菜餚中會有小辣椒混在葉子裡，增添了不少驚喜與趣味。

材料（4人份）

- 辣椒葉……750g
- 吻仔魚乾……75g

Ⓐ

- 濃醬油……110cc
- 味醂……20cc
- 日式顆粒狀高湯粉……10g
- 酒……少量

做法

1. 迅速汆燙辣椒葉之後，浸泡在冷水中，以去除澀味。
2. 輕輕擰乾1.的水分，將辣椒葉切碎。
3. 把Ⓐ和吻仔魚乾放入鍋中煮沸，加入2.。
4. 用小火煮至湯汁收乾，最後灑上一些酒（另外準備），完成。

・吻仔魚乾也可以用其他鮮味食材來代替。由於辣椒葉在煮過之後會產生澀味，請務必在汆燙之後浸泡冷水。

手工蒟蒻

こんにゃく

雖然可以在店頭輕易買到蒟蒻，但由自己手工製作的話，無論是味道或口感都將格外令人驚喜。剛做好的蒟蒻，如同生魚片般水嫩Q彈，而且沒有任何腥味。通透的美麗色澤也能勾起食欲。據說人們過去會把蒟蒻保存在地下儲藏室中，當作重要的儲備糧食之一。

材料（約15個份）

- 蒟蒻芋……1kg
- 水（煮蒟蒻用）……3000cc
- 鹼水……300cc

做法

〔鹼水〕

1. 燃燒黑豆的豆殼，取其鹼灰（700g）。
2. 在調理盆上架好墊上布的篩子，放入1.的灰。
3. 在2.上慢慢倒入沸水（2800cc），提煉出鹼水。
4. 此方法可以取得約1000cc的鹼水。

※請將鹼水裝入乾淨的瓶子裡，保存在陰涼處。
※如果用蕎麥殼製作鹼水，請務必小心過敏反應。

〔蒟蒻〕

1. 將蒟蒻芋仔細洗淨，去芽，切成4～6等分。
2. 在鍋中放入水和1.的蒟蒻芋，煮至竹籤能輕易插進蒟蒻芋的軟度。
3. 取出蒟蒻芋並剝掉外皮，不要倒掉煮蒟蒻芋的水。

4. 將去皮的蒟蒻芋，以及少量3.的煮芋水放入調理機，攪拌成膏狀。如果一次無法完成，可以分次攪拌。

5. 將4.倒入調理盆中，加入所有剩餘的煮芋水攪拌均勻。

6. 在5.中分兩次倒入鹼水（一次150cc），倒入之後都要迅速攪拌均勻。

7. 靜置蒟蒻一小時左右（會逐漸凝固）。

8. 手上沾滿鹼水，將蒟蒻捏成適當大小（約150g）的球狀。

9. 在即將沸騰的水中輕輕放入8.，調整火侯以免沸騰，煮約1個小時即完成。

・也可以用的氫氧化鈣（9公克）代替鹼水，但使用傳統鹼水會讓蒟蒻的味道更好。

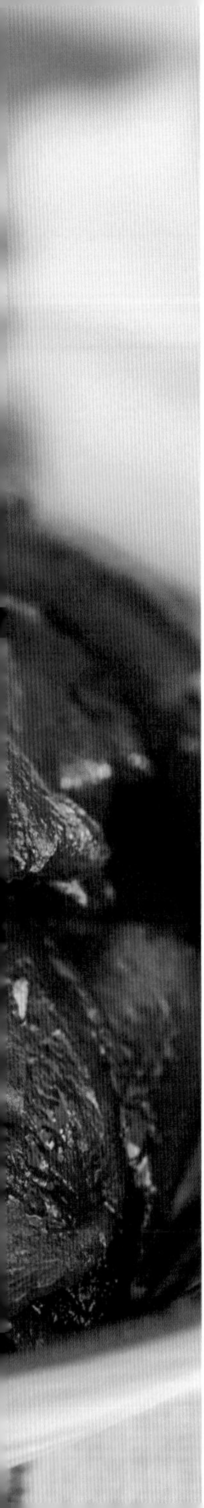

甘煮嫩薑

新しょうがの甘煮

在十月中旬收成的嫩薑新鮮多汁、質地軟嫩，很適合煮成甜鹹口味的家常菜。甘甜濃郁的風味，可當作下酒菜或直接搭配白飯。由於薑能暖身驅寒，建議在微涼的季節享用。

材料（容易製作的份量）

- 嫩薑……1kg
- 砂糖……300g
- 醬油……180cc

做法

1. 用免洗筷等工具刮去嫩薑的皮。
2. 把1.切成1～2公厘的薄片，排放在鍋內，撒上砂糖，完全覆蓋住嫩薑片。
3. 將2.放置一天一夜。
4. 在3.中加入醬油，用小火煮沸。
5. 邊煮邊攪拌，直到嫩薑片變成焦糖色即完成。

・將嫩薑切成薄片之後泡水，可以去除薑特有的苦澀味，但請注意不要浸泡太久，否則會流失營養成分。

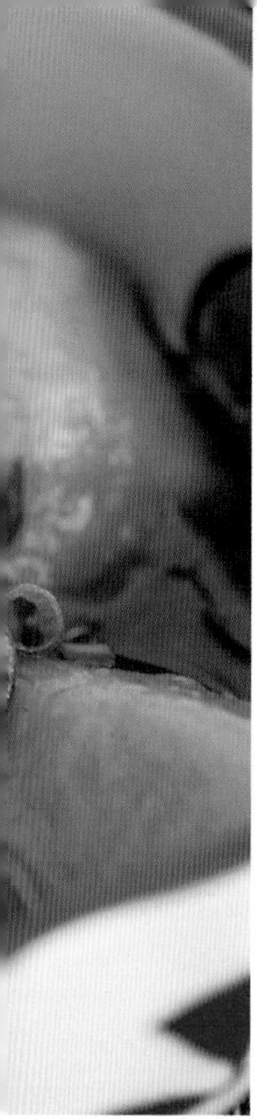

酥炸海老芋湯

海老いもの揚げだし

炸過的海老芋外層酥脆，內裡口感鬆軟。透過簡單的調味，可以品嘗到海老芋本身的甜味。請搭配不同的調味料，來享受味道的變化。

材料（4人份）

- 海老芋……5顆
- 大白粉……90g
- 淡醬油……2大匙
- 高湯……800cc

Ⓐ
- 日式顆粒狀高湯粉……10g
- 味醂……2大匙
- 淡醬油……2大匙
- 水……800cc

Ⓑ
- 蔥、生蘿蔔泥、薑泥、烤海苔……適量

- 炸油……適量

做法

1. 海老芋以清水洗淨，將兩端切除，削去厚皮，用洗米水或泡米的水（另外準備）煮熟，以去除澀味。
2. 在另一個鍋中倒入高湯，放入1.的海老芋加熱煮沸。沸騰後轉至小火，加入淡醬油。
3. 從2.中取出海老芋，裹上太白粉油炸。
4. 將Ⓐ倒入另一個鍋中加熱。
5. 將3.盛入容器中，淋上4.。
6. 依個人喜好添加Ⓑ的配料即完成。

萬願寺甜椒味噌

万願寺甘とう味噌

萬願寺甜椒肉質厚實、種子少且不辣，可以烤或煮著吃，但如果與米麴混合做成味噌，就能成為適合各種食材的絕佳配角。可做成田樂燒，或者搭配蒟蒻、小黃瓜、豆腐等食材，也適合直接當作下酒菜。如果是有小孩的家庭，不妨在調理時多加一些紅糖。

材料（容易製作的份量）

- 萬願寺甜椒……1kg
- 米麴……250g
- 醬油……500cc
- 紅糖……250g

做法

1. 將萬願寺甜椒去蒂，切成約5公厘的薄片（包括籽）。
2. 將所有材料放入鍋中加熱。
3. 為避免燒焦，邊攪拌邊煮約30分鐘即完成。

綾部市境內有丹波山地、上林川、由良川等豐富的自然景觀。這裡隨處可見平和的里山風光，同時也聚集了各種深受自然恩惠的名產，像是據稱超過八百年歷史的黑谷和紙、香氣濃郁的綾部茶、利用栗子製作的麻糬和米果，以及美味的米飯。近來提供農村體驗的農家和民宿，也越來越受到大眾歡迎。

自明治時代成立「郡是製絲」以來，綾部市的紡織製絲業就非常興盛，甚至曾有「蠶都」的美稱，作為纖維工業城市亦有相當久遠的歷史。

福袋煮

袋煮

只要把炸豆皮切成一半做成袋子的形狀，裝入色彩繽紛的蔬菜與雞蛋即為福袋煮。讓湯汁滲透到食材中，入口時會瞬間溢出溫和的風味。這也是一道適合裝飾便當的方便料理，但若要當便當配菜，記得將雞蛋煮至全熟。

材料（4個份）

- 炸豆皮……1片
- 雞蛋……2顆
- 紅蘿蔔……1／3根
- 四季豆……4～5根
- 高湯（昆布、小魚乾）……200cc

Ⓐ

- 淡醬油……1大匙
- 酒……1大匙
- 砂糖……2小匙

做法

1. 把紅蘿蔔和四季豆切成細條。
2. 將炸豆皮切成一半，打開呈袋狀，打入一顆生雞蛋。
3. 在2.的雞蛋上加入1.，用牙籤固定袋口，使其呈現束口袋的模樣。
4. 把3.排列在鍋中，加入足以淹過福袋的高湯和Ⓐ，開小火燉煮。
5. 當雞蛋變硬時，取出福袋，拿掉牙籤，縱切成兩半即完成。

醋溜芋梗（拌味噌）

酢ずいき（味噌入り）

「醋溜芋梗」是經典的芋梗料理，這裡除了醋，還加入了味噌和芝麻，使口感更加柔和溫潤。推薦使用澀味沒那麼重的八頭紅芋梗，由於這種紅芋梗質地柔軟且含水量較高，建議以乾煎來處理。

材料（4人份）

- 紅芋梗……500g
- 味噌……50g
- 炒芝麻……30g
- 砂糖……80g
- 醋……4大匙、1小匙

做法

1. 用手折斷紅芋梗，取約3～4公分的長度。
2. 削去1.的皮。
3. 在鍋中加入2.，乾煎紅芋梗，使其充分熟透並減少水分。
4. 當3.煎到變軟時，加入4大匙醋。
5. 用研磨缽磨碎炒芝麻，加入味噌，混合均勻之後，再加入砂糖和1大匙醋拌勻。
6. 擠乾4.的水分，放入調理盆中，與5.拌勻即完成。

鯖魚南蠻燒

鯖の南蛮焼き

鯖魚南蠻燒在酷暑也能清爽入口，是夏季餐桌上不可多得的魚料理。夏天的鯖魚油脂含量較少，格外適合做成南蠻燒。由於此處選用鹽漬鯖魚，調味上可以比平常淡一點。將蔬菜煮軟煮透，使其充分入味，再跟鯖魚一同享用，會是十分美味的組合。

材料（4人份）

- 鹽漬鯖魚……4片
- 洋蔥……小型1／2顆
- 紅蘿蔔……1／3根
- 青椒……1顆
- 麵粉……適量
- 太白粉……適量
- 水……1杯

Ⓐ

- 淡醬油……2小匙
- 醋……1小匙
- 砂糖……1小匙

做法

1. 麵粉和太白粉以一：一的比例混合，塗抹在鹽漬鯖魚上，在平底鍋中加入較多的沙拉油，煎至金黃酥脆。
2. 洋蔥切薄片，紅蘿蔔和青椒成切細絲，放進鍋中水煮。
3. 當2.的紅蘿蔔煮軟時，加入Ⓐ調味。
4. 將1.盛入容器中，淋上3.即完成。

萬願寺甜椒燉菜

万願寺甘とうの煮物

萬願寺甜椒主要栽種於京都府北部（包括綾部在內等地區）。與普通椒類相比，萬願寺甜椒的苦味和辛味都較淡，更適合孩子食用。這道燉菜能直接當作小菜，也能放在米飯上，淋上湯汁後做成茶泡飯，享受另一種風味。

材料（4人份）

- 萬願寺甜椒……200g
- 吻仔魚乾……20g

Ⓐ

- 味醂……2大匙
- 砂糖……1大匙
- 濃醬油……2大匙
- 麻油……適量

做法

1. 將萬願寺甜椒去蒂，切成易食用的大小，用麻油炒至變軟。
2. 在1.中加入吻仔魚乾，用Ⓐ調味燜煮即完成。

白煮芋頭

里芋の白煮

中秋明月（每年農曆八月十五日）又稱「芋名月」，有慶祝秋季豐收之意，因而經常出現加入小芋頭的菜餚。新鮮的小芋頭呈現漂亮的白色，用淡醬油調味，可讓外觀看來更美味。據說不少當地人會將秋季小芋頭貯存起來，用於冬季的燉煮料理。

材料（4人份）

- 小芋頭……500g（約10顆）
- 磨碎的柚子皮……少量

Ⓐ

- 高湯……2杯
- 砂糖……2.5大匙
- 鹽……1／2小匙
- 淡醬油……1大匙

做法

1. 將小芋頭洗淨並拭乾水分，切掉上下兩端。用刀縱向劃出刻痕，即可直接剝掉皮。
2. 在1.的表面滿滿撒上鹽（另外準備），充分揉搓使其充滿黏液，然後用水洗淨。

3. 在鍋中放入小芋頭，加入足以淹過小芋頭的水和少量鹽（另外準備），開火煮熟。煮熟之後用篩子撈出，迅速沖洗掉表面的黏液。
4. 將Ⓐ倒入鍋中，加熱後加入3.。
5. 在4.放上落蓋紙，以大火煮沸後，轉成小火煮5分鐘。
6. 關火，使其自然冷卻入味，食用時再加熱即可。裝入容器中，撒上磨碎的柚子皮即完成。

・爲了防止小芋頭在冷卻時裂開，請務必加熱4.之後再加入小芋頭。

栗香糯米飯

栗おこわ

這道菜常會在法事等家族聚會時製作，大家一邊享用加了栗子的糯米飯，一邊談論與逝世親人的回憶。在盛產黑豆的季節，也可以用黑豆來取代紅豆。假如把梔子果實放入茶包中跟栗子一起煮，栗子的黃色會顯得更鮮豔亮眼，糯米飯完成後看起來美味倍增。

・假如想使用梔子果實增添栗子的色澤，請在3.煮栗子時，將梔子果實放入茶包中，與栗子一起煮約10分鐘。

材料（4人份）

・糯米……3杯（450g）
・紅豆……1／3杯（生的50g）
・栗子……中型20顆
・炒白芝麻……適量

Ⓐ

・酒……3大匙
・砂糖……1大匙
・醬油……少量
・鹽……1小匙

準備工作（前一天）

1. 將紅豆煮熟，但要避免煮到外皮破裂，然後用篩子撈起，瀝乾水分，留下煮紅豆的湯汁，留待2.使用。
2. 洗淨糯米後，倒入1.煮紅豆的湯汁，浸泡一整晚（8～10小時）。

做法（當日）

3. 剝去栗子殼和澀皮之後，立即泡入冷水中，不斷換水浸泡，直到水變清澈後，撈起栗子煮熟。
4. 在蒸糯米前一個小時，瀝乾2.的糯米。
5. 在蒸籠或蒸鍋中鋪上一塊濕的蒸布，在上面放入4.，蒸30分鐘。
6. 連同蒸布取出5.的糯米飯，加入1.的紅豆和3.的栗子混合均勻。
7. 將6.再次放回蒸籠或蒸鍋中，蒸10分鐘後取出，灑上已溶解拌勻的Ⓐ，徹底攪拌均勻後即可盛入容器，最後撒上炒白芝麻即完成。

舞鶴市位於京都府北部，是一座面向舞鶴灣的海濱城市。從高處眺望，能一覽美麗的里亞式海岸（ria coast），可以明顯感受到這裡是一個天然良港。根據季節的變化，鰆魚、烏蛤、螃蟹等豐富的海產會陸續被捕撈上岸。

當地從事漁業的人很多，因而家家戶戶的餐桌上常會出現新鮮海產，以多種手法烹調，著實令人稱羨。再加上鄰近山區，還有傳統獵人的存在。

舞鶴市的農業亦相當興盛，當地特產之一就是栽種在由良川下游的花生。海的恩賜與山的饋贈交織出當地豐富多彩的飲食文化，延續至今不墜。

京田飯

京田ごはん

這道舞鶴市京田地區的特色料理，起源於昭和初期，據說是獵人用山上捕獲的山雞做成的料理，為了增加配料的份量，才加入炒過的豆腐。二戰後，民眾改以雞肉代替山雞來製作京田飯，剩飯還可以做成美味的飯團。

材料（4人份）

- 米……2杯
- 雞腿肉……100g
- 木棉豆腐……1塊
- 紅蘿蔔……1／2根
- 牛蒡……7公分
- 乾香菇……2片
- 泡發乾香菇的水……適量

Ⓐ
- 醬油……1大匙多
- 鹽……少量
- 酒……2小匙

做法

1. 用篩子瀝去木棉豆腐的水分，洗好米。
2. 泡發乾香菇，保留浸泡過的水。
3. 將雞腿肉切成一口大小，跟攪拌好的Ⓐ一起放入調理盆，靜置醃漬30分鐘。
4. 將2.的香菇跟紅蘿蔔切絲，牛蒡也削成絲。
5. 熱鍋，炒熟1.的豆腐直到呈顆粒狀。倒掉多餘的水分，繼續仔細拌炒。
6. 在另一個鍋子中加入3.、4.、5.，以及足以淹過所有食材的2.。假如泡發乾香菇的水不夠，可以再加入一些水。
7. 將6.用中火煮約15分鐘，直到食材變軟。分開配料與湯汁。
8. 把米放入電鍋中，加入7.的湯汁。視刻度如果湯汁不夠多的話，可以加些水，開始煮飯。
9. 在電鍋煮好前2〜3分鐘時，加入7.的配料，完全煮熟後即完成。

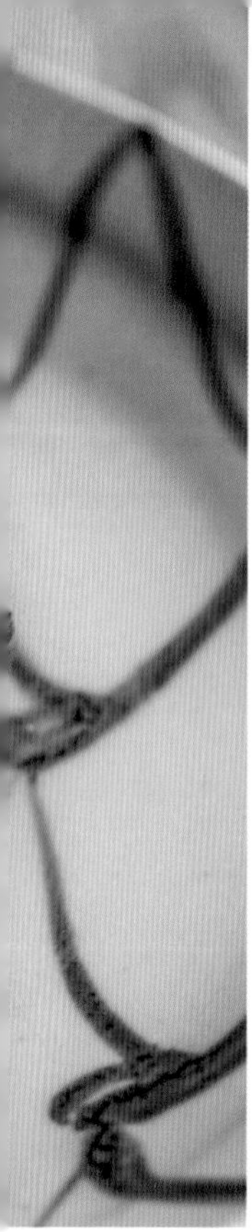

鯖魚味噌煮 ～佐舞鶴產海帶芽～

鯖の味噌煮～舞鶴産わかめ添え～

在面向日本海的舞鶴市，有時會在鯖魚味噌煮中添加汆燙過的海帶，爽脆的海帶、柔軟的鯖魚，可以同時享受到兩種截然不同的口感。由於當地許多家庭會使用自製味噌，因此每家的味道都略有不同。

材料（4人份）

- 鯖魚（1片約70～80g）……4片
- 薑……2塊
- 長蔥……1根
- 生海帶芽……20g（如果使用乾海帶芽，則約為3g）
- 味噌……2大匙

Ⓐ

- 酒……2大匙
- 砂糖……2大匙
- 醬油……2小匙
- 水……300cc

做法

1. 在鯖魚的皮劃上幾道刀痕。
2. 削去薑的皮，切成薄片。將長蔥切成4公分長度。
3. 將Ⓐ和1.（皮朝上）、2.放入平底鍋中，以中火加熱。
4. 煮沸後加入味噌，蓋上落蓋。用中火煮約15分鐘。
5. 關火，靜置一會兒。
6. 盛盤並淋上醬汁，在旁放上汆燙過的海帶芽即完成。

章魚飯

たこごはん

這是一道能夠充分享受章魚風味的漁夫飯。將章魚切成大塊，便能品嘗到鮮美口感與恰到好處的彈性。如果將章魚和米一起炊煮的話，煮好的飯會變成紅色，所以飯煮熟後再加入章魚，視覺上會更美觀。

材料（4人份）

- 米……2杯
- 水煮章魚……150g

Ⓐ
- 淡醬油……2大匙
- 酒……2大匙
- 味醂……2大匙
- 鹽……1／4小匙

做法

1. 先將米洗淨之後瀝乾。
2. 把水煮章魚切成一口大小的塊狀。
3. 將米和Ⓐ放入電鍋中，視刻度加入水，開始煮飯。
4. 煮好米飯後，把章魚放入電鍋中蒸一會兒，然後簡單攪拌即完成。

花生小魚

田作りピーナッツ

位於由良川下游的舞鶴市，砂質地居多，非常適合種植花生。在秋天收穫的花生，大約會在十二月上市。這道小菜結合當地特產花生和小魚乾來調理，有著讓人吃到欲罷不能的魅力。除了適合配飯、當下酒小菜，假如味道調得稍微甜一些，也適合當作孩子的零嘴。

材料（8人份）

- 小魚乾……50g
- 花生（去殼）……30g
- 沙拉油……1／8小匙

Ⓐ
- 砂糖……1小匙
- 味醂……1小匙
- 酒……2小匙
- 醬油……1／2小匙

做法

1. 在平坦的盤面上鋪上一層廚房紙巾，平整地排列好小魚乾。
2. 將1.放進微波爐（500W）加熱2分鐘之後，每隔20～30秒觀察小魚乾的狀態，直到其酥脆到用手就能折斷為止。
3. 將花生放入平底鍋中，用小火炒1～2分鐘，然後放入塑膠袋中，用擀麵棍搗成碎塊。
4. 在平底鍋中倒入Ⓐ，以小火～中火加熱。
5. 沸騰後，立刻加入沙拉油及2.、3.，迅速攪拌均勻。
6. 將5.平鋪在盤子上，盡量不要疊放，冷卻後即完成。

- 小魚乾可以直接用平底鍋炒熟，但使用微波爐也是一種簡便的方法。

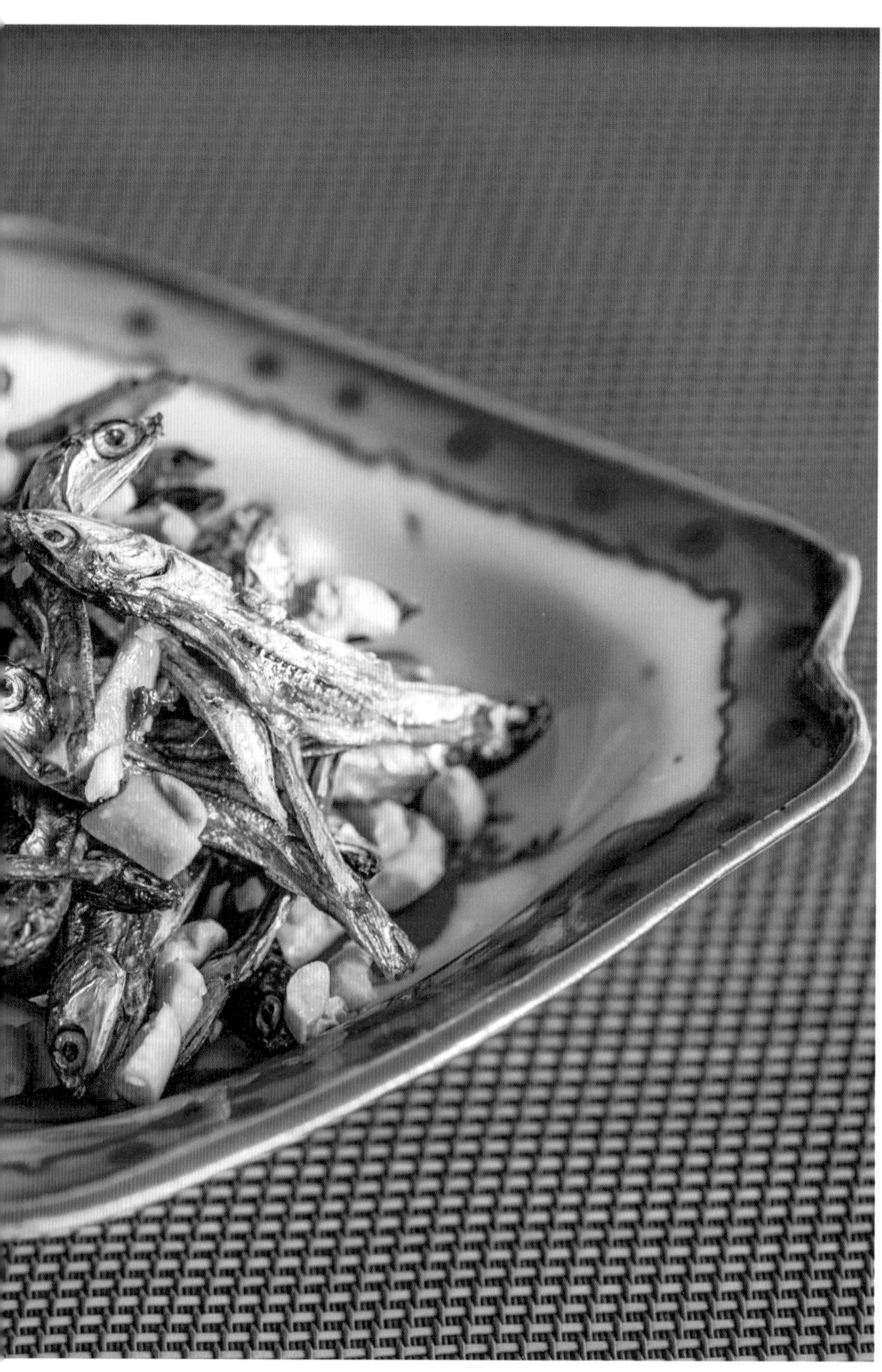

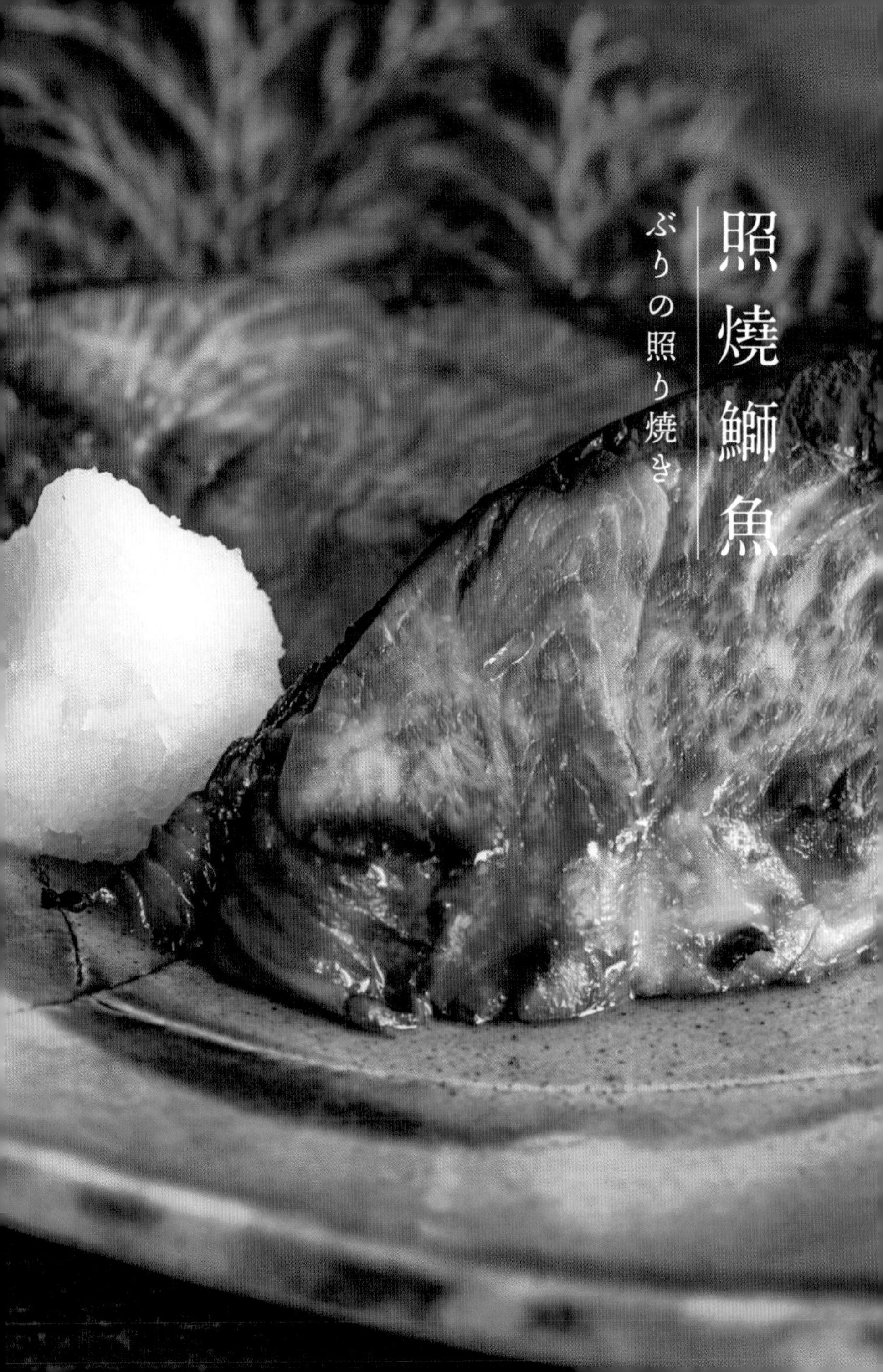

照燒鰤魚

ぶりの照り焼き

丹後之海在降雪時節捕獲到的鰤魚肉質緊實，油脂豐富。而漁夫們的家中，會在過年時分切處理一整尾鰤魚，直接做成生魚片或料理成照燒風味。當季肥美的鰤魚，最適合搭配口感清爽的生蘿蔔泥一同享用。

材料（4人份）

- 鰤魚……4片
- 生蘿蔔泥……100g
- 酒……2小匙
- 沙拉油……2小匙

Ⓐ
- 砂糖……2大匙
- 味醂……2小匙
- 醬油……2大匙
- 酒……1又1／3大匙

做法

1. 在鰤魚的兩面淋上酒，靜置約10分鐘，用廚房紙巾擦去表面的水分。
2. 在平底鍋中加入沙拉油，用中火將鰤魚煎3～4分鐘。當一面呈現淡淡的金黃色時，翻到另一面也煎至金黃色。
3. 取出鰤魚，在2.的平底鍋中加入Ⓐ。
4. 醬汁開始沸騰時，將鰤魚放回平底鍋中，讓醬汁均勻附著表面，呈現光澤感。
5. 盛盤，將去除多餘水分的生蘿蔔泥放在鰤魚旁即完成。

・用平底鍋煎鰤魚前，先鋪一張烘焙紙可以避免燒焦，煎起來會更輕鬆。

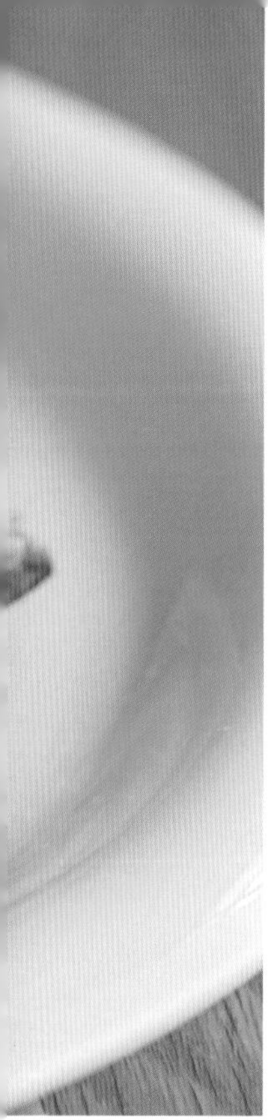

鰆魚番茄起司燒

鰆のトマトチーズ焼き

在京都府沿岸以定置網捕獲的鰆魚，只要超過1.5公斤就會被稱作「京鰆」。這道菜將富含油脂、口感鮮美的鰆魚做成西式料理，深獲孩子們的喜愛。濃郁的起司與番茄的酸味相互襯托，非常適合搭配鰆魚。

材料（4人份）

- 鰆魚……4片
- 番茄……1顆
- 高麗菜……200g
- 起司片……4片
- 麵粉……少許
- 鹽、胡椒……各少量
- 沙拉油……2大匙

做法

1. 在魚肉上撒上鹽和胡椒，再裹上麵粉，並將多餘的粉末拍落。
2. 將番茄橫切成約1公分厚的切片，高麗菜切成細絲備用。
3. 預熱平底鍋，倒入沙拉油，將1.的皮朝向下，以中火煎熟。
4. 當魚皮呈現金黃色時，翻到魚肉面，依序放上2.的番茄片和起司片。
5. 加蓋悶煎，直到起司融化即可盛盤，在旁放上切好的高麗菜絲即完成。

・由於起司會漸漸融化，假如要一次煎多片鰆魚，請記得預留適當的間距。

舞鶴紅白膾

舞鶴なます

一般用白蘿蔔和紅蘿蔔製作的醋漬拌菜，在舞鶴則會加入豆腐和芝麻，再以味噌調味，做成綿滑柔順的涼拌小菜。這道菜常會在新年、婚喪喜慶等人多的場合中食用，但也很適合當作平日的下酒菜。

材料（4人份）

- 木棉豆腐……1／2塊
- 紅蘿蔔……1／3根
- 白蘿蔔……6公分
- 炒芝麻……2小匙
- 鹽……少量
- 味噌……1又1／3小匙
- 砂糖……2大匙
- 醋……2大匙

做法

1. 將木棉豆腐瀝去水分備用。
2. 把紅蘿蔔和白蘿蔔切成細絲，撒上鹽。
3. 將炒芝麻放入研磨鉢中磨碎。
4. 在3.加入味噌以及1.，攪拌均勻，直到質地變得滑順。
5. 在4.中加入糖和醋拌勻，再加入已瀝去水分的2.，拌勻後即完成。

・請確認木棉豆腐已充分瀝乾水分。

5 章 丹後

—京丹後市—

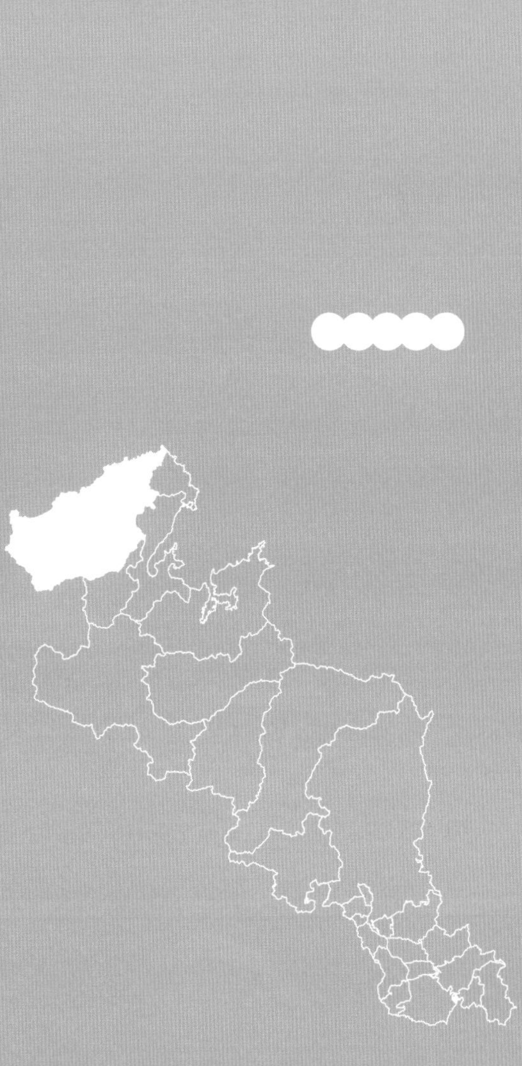

京丹後市位於京都府最北端，日本海的丹後半島西側，毗鄰兵庫縣，盛產螃蟹、牡蠣、稻米、在地好酒、哈密瓜、草莓等，擁有豐富的農產品和水產品。

東、西沿海地區分別是丹後天橋立大江山國定公園和山陰海岸國立公園，風景非常壯麗。前往內陸地區，還可以欣賞到美麗的田園風光和山脈景致。冬季的降雪量較高，因此京丹後地區的居民，家家都有儲備糧食物資

的傳統。

此外，這裡也是「丹後縮緬」的產地，這種高級絲織品因表面呈現細微凸凹紋路而聞名，迄今已有三百年的歷史。

丹後散壽司

丹後のばらずし

在京丹後市的各式祭典中，這道壽司堪稱招牌菜色。壽司飯與配料盛裝在名為「松蓋」的淺木箱中，擺盤精美。其特色是在壽司飯中，夾了用甜鹹醬汁炒過的鯖魚鬆。以前會用烤鯖魚來做魚鬆，但現在則改用罐頭便於製作。這種當地販售的魚鬆專用罐頭，也算是那裡獨有的特色。

材料（4人份）

【壽司飯】

米……2杯

Ⓐ
- 醋……70cc
- 砂糖……5大匙
- 鹽……1小匙

【壽司飯裡的配料】
- 干瓢……1條
- 牛蒡……1／2根
- 高湯……150cc

Ⓑ
- 醬油……1大匙
- 砂糖……2小匙

【壽司飯上的配料】
- 碗豆仁……20g
- 紅薑片……適量
- 魚板……適量

〔香菇片〕
- 乾香菇……3朵
- 泡發乾香菇的水……120cc

Ⓒ
- 砂糖……1.5大匙
- 醬油……1大匙
- 味醂……1大匙

〔魚鬆〕
- 調味鯖魚罐頭……1小罐
- 砂糖……2大匙

〔蛋絲〕
- 雞蛋……2顆
- 鹽……少量

做法

〔壽司飯〕

1. 將煮好的飯與Ⓐ拌勻，做成壽司飯。
2. 用水泡發干瓢，加鹽搓揉一下，切成5公厘寬的條狀。
3. 將牛蒡削成絲。
4. 將2.和3.放入鍋中，倒入高湯煮透，加入Ⓑ調味。
5. 將4.與1.的壽司飯拌勻。

〔配料〕

6. 用水泡軟的乾香菇去除根部，切片備用。
7. 在泡發乾香菇的水中，加入Ⓒ煮熟備用。
8. 倒掉鯖魚罐頭的湯汁後，將魚肉加入鍋中，邊加熱邊搗碎製成魚鬆。當魚肉的水分收乾時，加入砂糖拌勻，請務必留意不要燒焦。留下一點水分讓魚鬆保持濕潤，然後取出放在調理盤上。
9. 雞蛋加入鹽攪拌均勻，做成薄蛋皮，之後切成蛋絲。
10. 豌豆用鹽水煮熟，將紅薑片切成細絲，魚板切成長條形。
11. 把飯裝入「松蓋」（也可用木桶來代替），先鋪上薄薄一層壽司飯，然後加上魚鬆，再一次鋪上壽司飯和魚鬆，重複這個步驟，層層堆疊成千層酥般的結構。最後，在壽司飯的表面依序裝飾蛋絲、香菇、魚板、豌豆和紅薑絲即完成。

拌芝麻千本芋梗
千本ずいきのごま酢和え

在不同品種的芋梗中，「千本芋梗」的特點是細長且柔軟。加入醋之後會變成鮮豔的紅色，可成為點綴餐桌色彩的一道小菜。剝去皮並徹底去除澀味，是美味的關鍵。

材料（4人份）

- 千本芋梗或紅芋梗……500g（3～4根）
- 芝麻（磨碎一半）……2大匙
- 鹽……1小匙

Ⓐ

- 砂糖……3大匙
- 醬油……1.5大匙
- 醋……3～5大匙

做法

1. 剝去千本芋梗的皮，切成約4公分長。較粗的千本芋梗十字對切成四等分，使整體直徑一致。
2. 將1.泡水10分鐘以上，去除澀味。
3. 在大火預熱的鍋中，放入已瀝除水分的2.，撒上鹽，迅速煎熟。
4. 當芋梗變軟時，將鍋子離火，倒掉多餘的水分。
5. 在調理盆中均勻混和芝麻和Ⓐ。
6. 加入4.並拌勻，靜置至冷卻。入味之後即完成。盛盤後，可灑上芝麻（另外準備）。

芋梗
ずいきごはん

經過乾燥處理的芋梗乾是一種可長期保存的食品，時常出現在冬天的餐桌上。據說京丹後到了秋季，經常可以看到芋梗晾曬在屋簷下的景象。芋梗乾營養豐富，據傳也是適合產婦坐月子進補的食材。

材料（4人份）

- 米……2杯
- 薄豆皮……1片
- 芋梗乾……5g（3～4條）
- 紅蘿蔔……中型1／4根
- 乾香菇……1朵
- 高湯……50cc
- 醬油……2大匙

做法

1. 洗米，開始煮飯。
2. 用水浸泡切成2公分長的芋梗乾，然後用滾水汆燙一下。
3. 把泡發的香菇、紅蘿蔔和薄豆皮切成2公分長的細絲。
4. 在鍋裡加入高湯、2.和3.，以及一半分量的醬油燉煮。
5. 在飯快煮好之前，在電鍋中加入4.和剩餘的醬油。
6. 飯煮好之後，再燜一下即完成。

根菜燉香菇

根菜としいたけの煮物

這道菜原本是在收成不多的冬天，使用儲備蔬菜燉煮而成的料理。結合根菜、芋頭、蒟蒻等不同口感的食材，加上風味柔和的小魚乾高湯，在烹煮過程中加入少許砂糖提味，能使湯汁更加溫潤美味。

材料（4人份）

- 小芋頭……6顆
- 牛蒡……1根
- 紅蘿蔔……1根
- 蒟蒻……1片
- 銀杏……12顆
- 乾香菇……8朵
- 小魚乾高湯……4杯

Ⓐ

- 砂糖……2大匙
- 味醂……3大匙
- 酒……3大匙
- 醬油……2大匙

做法

1. 乾香菇泡水之後切除菇柄。
2. 小芋頭削皮後，將較大的橫切對半，加少許鹽搓洗後沖去黏液。
3. 牛蒡斜切成小段之後浸泡於水中。
4. 紅蘿蔔切成1公分厚的片狀。
5. 蒟蒻用手撕成一口大小，煮熟備用。
6. 將銀杏去殼，用少量滾水汆燙，邊用湯勺背面等器具摩擦，以去除薄皮。
7. 把高湯和1.~5.的食材放進鍋中，用大火煮沸之後轉中火。
8. 在7.中加入Ⓐ，再燉煮約20分鐘。
9. 盛盤，撒上6.即完成。

水團湯

ふくと汁（すいとん）

這是一道加入蔬菜和麵團的湯品，能在寒冷的日子裡溫暖身體。將麵粉加水攪拌，或將糯米的碎米碾成粉，做成麵團加入湯中。由於米飯是當地的重要糧食，所以即使只有少量，也要透過料理手法盡量增加飽足感。

材料（4人份）

- 炸豆皮……1／2片
- 白蘿蔔……5公分
- 紅蘿蔔……小型1根
- 長蔥……1根
- 麵粉……150g
- 高湯……480cc
- 水……120cc

Ⓐ

- 醬油……1.5大匙
- 味醂……1大匙
- 鹽……少量

做法

1. 炸豆皮淋上熱水，去除多餘油分。
2. 白蘿蔔切成扇形或半月形薄片；紅蘿蔔橫切成薄片之後，再十字對切成扇形，或對半切成半圓形；長蔥斜切；炸豆皮切成5公厘寬的條狀。
3. 在麵粉中加入水，充分攪拌均勻。
4. 將高湯倒入鍋中，用大火煮白蘿蔔和紅蘿蔔5～6分鐘。
5. 在4.中加入炸豆皮和Ⓐ，轉中火燉煮。
6. 當5.的湯煮沸時，用湯匙將3.的麵團分次少量挖取入鍋。
7. 等到6.浮起時，加入長蔥即完成。

蘿蔔泥年糕

おもちのみぞれかけ

據說從前在京丹後的農家，家家戶戶都有木杵與臼，而且會動員全家人一起搗年糕。這是一道能讓家人皆大歡喜，享受新鮮現搗年糕的料理。使用市售的現成年糕塊就能輕鬆製作。生蘿蔔泥即使不去除水分也一樣美味。

材料（4人份）

- 年糕塊……8個
- 白蘿蔔……約1／3根
- 青蔥……2根
- 柴魚片……適量
- 海苔絲……適量
- 醬油……適量

做法

1. 將白蘿蔔磨成泥，輕輕擠去水分，蔥切成小段。
2. 鍋中加水煮沸，將年糕煮至軟化後盛入碗中，加入1.、柴魚片和海苔絲。
3. 淋上適量醬油即完成。

歸鄉麻糬

さともち

「歸鄉麻糬」的名稱由來，據說是婆婆在媳婦回娘家時會準備的伴手禮。這種用木杵搗出的手工麻糬，在製作過程中會分次加入較多水，口感特別柔軟。此食譜中之所以加入太白粉水，是為了確保用麻糬機製作的成品，隔天仍能保持新鮮軟Q的口感。

材料（容易製作的分量）

- 糯米……約1.5kg
- 紅豆……8杯（約1.2kg）

※兩種食材都要在水中浸泡一個晚上

- 太白粉……2大匙
- 鹽……少量
- 砂糖……700g
- 熱水……200cc

做法

1. 將紅豆在水中浸泡一夜。第二天，倒入足夠的水中加熱，使其沸騰。沸騰後倒掉紅豆水，再加入充足的水，再次加熱，煮到紅豆變軟為止。
2. 把篩子放在調理盆上，將1.的紅豆和湯一起倒入，一邊加水一邊用研磨杵把紅豆搗成泥。調理盆中濾出的餡料，用布袋等工具榨出水分，再放入鍋中。加入砂糖和鹽，以小火加熱並慢慢收乾，做成細膩的豆沙餡。
3. 將糯米放入麻糬機中，製作成麻糬。

4. 在太白粉中加入少量冷水（另外準備），充分溶解後，將太白粉水倒入熱水中，並快速攪拌，以免結塊。

5. 將做好的麻糬和4.混合，再用麻糬機攪拌一會兒，直到均勻變軟。

6. 取適量的5.，搓成一口大小的圓球狀，將整體表面裹上2.的豆沙餡即完成。

・也可以用現成的年糕塊來製作。在這種情況下，請將年糕塊切成一半，煮到軟化，充分瀝乾水分之後，再裹上豆沙餡。

糖醋小黃瓜
きゅうりもみ

這道以芝麻和醋為主，帶有清爽酸味的小菜，讓人一夾就停不下筷子。在食慾不振的夏天，也能達到攝取鹽分和礦物質的營養補充效果。過去，曬芝麻的景象在京丹後農家的屋簷下十分常見，是當地非常普遍的食材。請先冰鎮，再享用這道家常小菜。

材料（4人份）

- 小黃瓜……2根
- 炒芝麻……5大匙
- 鹽……適量

Ⓐ

- 砂糖……2大匙
- 醋……2大匙
- 味噌……1／2小匙

做法

1. 將小黃瓜切成薄片，撒上鹽，輕輕揉搓使其變軟。
2. 用研磨鉢磨碎炒芝麻，然後與Ⓐ混合均勻。
3. 將瀝去水分的1.加入2.中拌勻。靜置片刻，使其入味即完成。

・用鹽揉搓過的小黃瓜，請確實瀝去水分。假如水分過多，成品的味道也會變淡。

炒炊飯

いりごきごはん

炒炊飯，指的是在白飯中「加入炒菜」，將熱騰騰的白飯拌入炒菜時，炒菜中的醬油香味引人食指大動。與傳統炊飯不同，炒炊飯同時保有白飯，以及混入醬油風味的拌飯，這正是炒炊飯最大的魅力。即使沒有任何配菜，也能讓人吃得乾乾淨淨。

材料（4人份）

- 米……2杯
- 炸豆皮……1片
- 白蘿蔔……4公分
- 紅蘿蔔……1／4根
- 醬油……1大匙

Ⓐ
- 高湯……50cc
- 味醂……1小匙
- 醬油……1大匙
- 沙拉油……1小匙

做法

1. 洗好米，倒入與煮飯時等量的水，浸泡約1小時。
2. 將白蘿蔔、紅蘿蔔和炸豆皮全部切成細絲。
3. 在中火預熱的平底鍋中，倒入沙拉油，將2.炒到蔬菜變軟，然後加入Ⓐ，煮至醬汁收乾。
4. 煮飯，在飯即將煮熟前（約2～3分鐘前）打開鍋蓋，將醬油和3.均勻淋在飯上。再次蓋上鍋蓋，飯燜熟即完成。

・也可以加入吻仔魚乾、切碎的竹輪等食材。由於剛做好時最美味，建議只做當天要吃的分量。

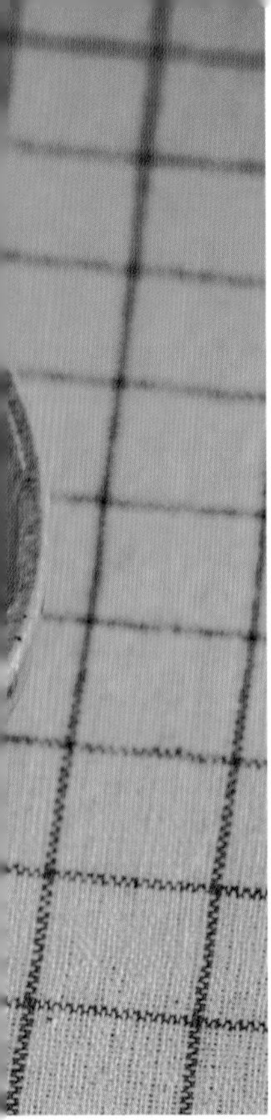

福煮

福煮

福煮是在歲末年終製作，從除夕到正月初三期間享用的素食料理。「福煮」正如其名，包括七種吉祥食材：小芋頭、白蘿蔔、紅蘿蔔、牛蒡、昆布結、蒟蒻、黑豆或白花豆等。

材料（4人份）

- 黑豆……10g
- 白蘿蔔……4公分
- 紅蘿蔔……1／2根
- 小芋頭……4顆
- 牛蒡……1／2根
- 昆布……10公分
- 蒟蒻……1／2片

Ⓐ

- 高湯……150cc
- 味醂……1大匙
- 醬油……1大匙
- 鹽……少量

做法

1. 將黑豆浸泡一晚，煮熟。也可以使用現成的佃煮黑豆。
2. 把白蘿蔔切片後，十字對切成扇形，煮至軟化。紅蘿蔔切成花片（或是直接使用模具）。
3. 把小芋頭去皮，對切成兩半。
4. 牛蒡去皮，斜切成片狀。
5. 將昆布浸泡在水中使其變軟。當軟度適中時，打成昆布結。
6. 蒟蒻燙熟後，翻轉成蒟蒻結。
7. 把1.～6.和Ⓐ放入鍋中，用小火煮約15分鐘。食材入味後即完成。

嫩薑燉菜

新しょうがの炊いたん

九月中旬開始上市的嫩薑，除了磨成薑泥當作調味料之外，當地的家庭還會用梅子醋、甜醋、燒酒等來進行醃製，發揮創意享受不同風味。薄切成片再煮熟，微辣的口感令人上癮。在料理過程中，也會散發出非常好聞的香氣。

材料（4人份）

- 嫩薑……300g
- 昆布（細切）……20g
- 高湯……1杯

Ⓐ

- 醬油……3大匙
- 砂糖……3大匙
- 酒……3大匙
- 味醂……3大匙

做法

1. 將嫩薑切成薄片，浸泡在水中約20分鐘。
2. 在鍋中加入足量的水，煮沸後加入1.。沸騰後再煮5分鐘，用篩子撈出，並擦乾嫩薑表面的水分。
3. 在鍋中倒入高湯和昆布，以中火加熱。沸騰後，加入2.和Ⓐ，稍微調降火力繼續燉煮，等昆布變軟之後即完成。

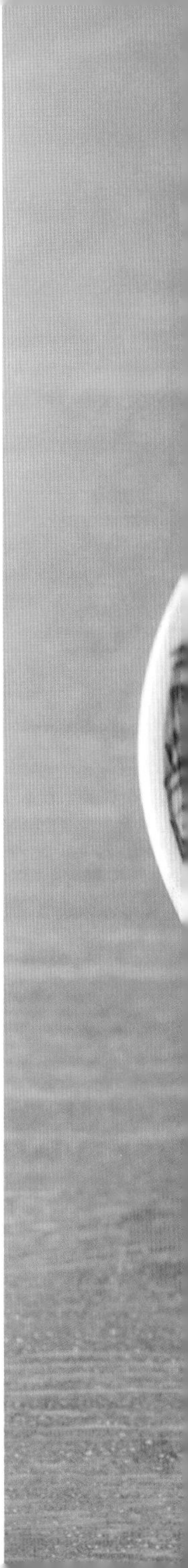

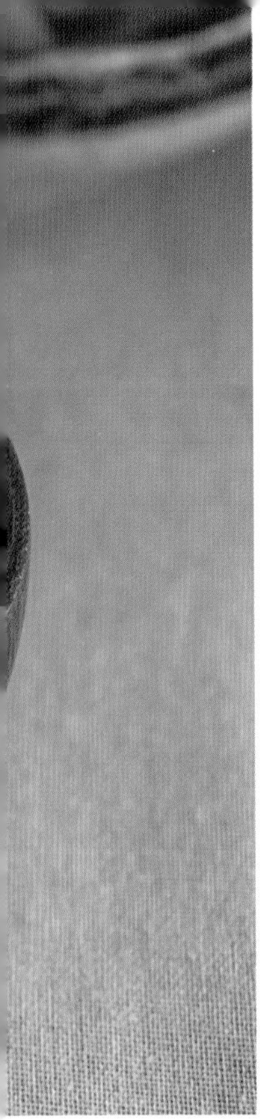

京丹後卷纖湯

京丹後のけんちゃん

當季節由秋入冬，天氣變冷時就會吃這道料理。為了讓身體暖和起來，除了收穫的蔬菜之外，也會加入用油炒過的豆腐一起燉煮。外觀和調理法看起來很像前面介紹過的「卷纖湯」（p192），但京丹後的「卷纖湯」其實不是「湯」，而是「燉菜」。由於蔬菜本身會釋出湯汁，使這道燉菜看似樸實無華，味道卻獨具層次。

材料（4人份）

- 木棉豆腐……150g
- 白蘿蔔……6公分
- 紅蘿蔔……1／2根
- 小芋頭……2顆
- 蒟蒻……1／3片

Ⓐ
- 高湯……1杯
- 味醂……1大匙
- 醬油……2大匙
- 鹽……少量

- 沙拉油……1大匙

做法

1. 將白蘿蔔、紅蘿蔔和小芋頭去皮，橫切成片，白蘿蔔十字切成扇形，紅蘿蔔和小芋頭對切成半圓形，蒟蒻切成7公厘的長方形。
2. 將木棉豆腐瀝乾水分，加入鍋中，以沙拉油炒熟。
3. 加入1.的食材炒熟。
4. 倒入Ⓐ，用小火燉煮，等到食材入味後即完成。

・也可以加入竹輪或炸豆皮，味道同樣美味。

料理類別索引（按筆劃順）

主菜

配菜

小菜

湯品

飯、麵粉、年糕、麻糬、麵

甜點

其他

內容協力（按五十音順）

●京都市右京區西院（P14～41）
門田喜久子／小西薰
渡部由紀子／藤井かよ

●京都市右京區京北（P44～49）
荒田義枝／一瀨裕子
梶谷多江子／木下惠子
小西佐和子／中川富子
西尾さち枝／羽賀田惠津子
村上惠子／山田美雪
（以上為京都府林業研究團體聯絡協議會女性部樹樹會）

●京都市右京區太秦・高雄（P54～81）
兼松千鶴子／中司弘子
藤谷道子／穗積萬紀子

●京都市北區（P84～102）
水澤悅子
（京都市生活研究團體聯絡協議會）

●宇治市（P106～131）
箱崎香惠子（魅見和文化富多葉會）

●京田邊市・綴喜郡（P136～160）
奧田智代／加藤雅美
小山和美／里西惠
菱本充子／森村康子
（以上為綴喜地方生活研究團體聯絡協議會）

●龜岡市（P164～188）
仲野敬子／村岡絹代

●福知山市（P108～119）
足立悅子／石原由子
井上まち子／衣川千代子
衣川敏子／東山ゑい子
檜木靖子／平田照子
森井小夜子／和田一栄
（以上為福知山市生活研究團體聯絡協議會）

●綾部市（P218～231）
大島和代／久馬真澄
藤原明子／森本和代
和久眞佐代
（以上為綾部市生活研究團體聯絡協議會）

●舞鶴市（P234～250）
川口洋視子／嵜山藤江
富永やす枝／林田智子
吉田美和子
（以上為舞鶴市飲食生活改善推進員協議會）

●京丹後市（P254～281）
小池美鈴／矢野鈴枝
由村愛子
（以上為京丹後學塾的成員）

【參考文獻】
《故鄉的文化遺產鄉土資料事典26京都府》1997年，株式會社人文社
《京田邊大百科 歷史・風物篇》2006年，京田邊大百科編輯委員會編，京田邊事觀光協會

【編輯協力】
瓜生朋美、小山美奈子（株式會社文與編輯之社）

【執筆協力】
市野亞由美、村岡亞紀子、三上由香利

※除了刊載的食譜外，還有許多人為本書的出版提供了協助，例如傳授鄉土料理、提供廚房場地等。謹此向所有提供協助的人士致上最深、最誠摯的謝意。

京都阿嬤的100道手路菜

京都のおばあちゃんたちに
聞いた100年後にも残したいふるさとレシピ100

千年歷史沉澱下，一道又一道暖心料理

作　　者　大和書房編輯部
譯　　者　林佑純
責任編輯　高佩琳
封面設計／內頁排版　謝捲子@誠美作

總 編 輯　林麗文
主　　編　林宥彤、高佩琳、賴秉薇、蕭歆儀
行銷總監　祝子慧
行銷企劃　林彥玲

出　　版　幸福文化出版／遠足文化事業股份有限公司
發　　行　遠足文化事業股份有限公司（讀書共和國出版集團）
地　　址　231新北市新店區民權路108之3號8樓
郵撥帳號　19504465 遠足文化事業股份有限公司
電　　話　(02) 2218-1417
信　　箱　service@bookrep.com.tw

法律顧問　華洋法律事務所 蘇文生律師
印　　製　呈靖彩藝有限公司

初版一刷　2023年12月
初版二刷　2024年5月
定　　價　580元／書號 0HEA0012

ISBN：978-626-7311-46-2（平裝）／978-626-7311-48-6（EPUB）／978-626-7311-47-9（PDF）

國家圖書館出版品預行編目 (CIP) 資料

京都阿嬤的 100 道手路菜／大和書房編輯部著 ; 林佑純譯 . -- 初版 . -- 新北市 : 幸福文化出版社出版 : 遠足文化事業股份有限公司發行 , 2023.12
面 ; 公分 . -- (食旅 ; 12)
譯自 : 京都のおばあちゃんたちに聞いた 100 年後にも残したいふるさとレシピ 100
ISBN 978-626-7311-46-2(平裝)

1.CST: 食譜 2.CST: 日本京都市
427.131 112010976